U0001687

MATHEMATICAL ILLITERACY AND ITS CONSEQUENCES

INNUMERACY

數盲、詐騙
與偽科學

約翰・艾倫・保羅斯 John Allen Paulos 著　　吳書榆 譯

不懂數字的代價是什麼？
從戀愛、投資到生活決策，
美國重量級數學家教你看清問題本質的
數值化思維

獻給席拉（Sheila）、莉亞（Leah）和丹尼爾（Daniel）

盡在不言中

Contents

如果你對機率一無所知，可能會覺得發生車禍是相對無關緊要的當地交通問題，前往海外遭到恐怖分子殺害則是重大風險。

數盲的一大特質，就是常嚴重低估巧合出現的機率，看輕實際且嚴謹的統計證據。但其實，即便是很罕見的事件，也大可預測。

Chapter 3
偽科學是否也曾騙到你？ **97**

偽科學中有很多缺陷，但數盲視而不見。很難想像他們會因為
證據不足、或有更好的替代解釋，就去否定通靈等超自然現象。

Chapter 4
為何受過良好教育的人，會變成數盲？ **135**

很多人可以理解對話中微妙的情緒變化、明白文學中最難領會的情節，但就是無法掌握數學證明中最基本的要領。

Chapter 5
統計、取捨與人生 **179**

人們也一直誤用小學時教的比率概念。一件洋裝價格先「調降」40％，之後再降 40％，等於降價 64％，而不是 80％。

數學無用？
是你誤會大了！

「哎呀！看我當年頭髮有多濃密。」看著相簿裡的一張舊照，挑起我非常複雜的情緒，和讀著自己以前寫的書的感受沒什麼兩樣。不同的照片，不一樣的書，喚起了程度不等的得意、自滿以及看到年輕時自己的震驚，有時候甚至會嚇到倒彈。話說回來，用數位軟體編修照片（去掉下巴沾到的義大利麵醬汁，應該可以不算修圖），或是大幅改寫書的內容，有點像是作弊，但替照片下注解或是替書寫一篇新的序言，應該還可以。1989年初，Hill and Wang出版社出了第一版的《數盲、詐騙與偽科學》，十二年之後再出新版，我也寫了新序。

時至今日，數盲仍處處可見，不僅如此，讓人同樣遺憾的是，也看不出有好轉的趨勢。不同形式的數學謬誤，就好比垃圾一樣愈堆愈高，就算常常有人撿起來處理，很快地又會再度出現。我後來寫了《數學家讀報》（*A Mathematician Reads the Newspaper*），過去幾年也替ABC新聞網站（ABCNews.com）撰寫專欄〈誰在算〉（Who's Counting），這些都代表我付出更多心力，試著把某些垃圾拖走處理掉。即便我努力做了很多事，誇張的健康恐慌症仍無所不在，以奇蹟和陰謀論為題的報導也從未消失，而政治操盤手與美化數據的經濟顧問更是頻頻現身。時不時，還會出現同樣讓人沮喪的叨念，講到美國學生在數學方面的表現很差。無論走到哪裡，和機率與風險有關的誤解總會以千百萬種形式現身。

　　情況有好轉嗎？當然，這個問題太過空泛，難以回答。但我認為，即便有這麼多人對數學無知到讓人驚訝的地步（包括身居高位的人），但與本書初版之時相比，確實有更多人逐漸理解到數字、機率、邏輯與數學的重要性。近年來，數學家保羅‧艾狄胥（Paul Erdös）、斯里尼瓦瑟‧拉馬努金（Srinivasa Ramanujan）和約翰‧納許（John Nash）等人的傳記都賣得很好，《心靈捕手》（*Good Will Hunting*）和《死亡密碼》（*Pi*）等涉及數學主題的電影也吸引了主流觀眾，還有舞台劇《哥本哈根》（*Copenhagen*）和《求證》（*Proof*）在百老匯大紅，而講述密碼學、費馬最後定理（Fermat's last theorem）和混沌理論的書也大受歡迎。從比較務實的層面來說，比起當時，現代人的生活更是充斥著各式各樣的數字、百分比、比率、機率和統計，而且，顯然有更多人都覺得這些東西很重要。

我很想宣告《數盲、詐騙與偽科學》一書幫了大忙，減少了數盲並激發出一般人對於數學的興趣。但學數學的我知道，有相關並不代表有因果關係。而且，就算社會整體的數學素養真的有提升，我的功勞很可能僅占 0.3952%（我有可能算錯數字）。唉，但不管怎麼樣，幾乎每一個重大的新聞事件都提醒著我們，未來還有很長的路要走。

以 2000 年聲名狼籍的美國總統大選為例，許多重要的議題本質上都是統計，但評論的人幾乎都是律師與記者。所以其實，只要針對改革黨的帕特‧布坎

南（Pat Buchanan）在佛羅里達各郡所得票數，做回歸分析（regression analysis），就會清楚發現，棕櫚灘郡（Palm Beach County）的票數明顯是異常值。還有，民主黨高爾與共和黨小布希的總得票數差異甚微，如果考量佛羅里達州有投票機器老舊的問題，這樣的差異從統計上來看根本沒有意義。我在《紐約時報》上就說了，要分出這兩人誰勝誰負，就好像用長尺去量細菌。重點是，這件事有許多數學面向，並沒有得到應得的關注。例如，這場選舉選民人數相對多，不同觀點都有各自解讀的空間（選民的差異遠大於候選人之間的差異），還有機率理論的反正弦律（arc sine law）、任何投票系統的固有限制等等。（另一方面，看到有人去注意這些面向，我也並不訝異。佛羅里達最高法院的首席大法官查爾斯·威爾斯〔Charles T. Wells〕在法庭上反對繼續手動計票，當時他就引用了我的話：「選舉僵局就像羅夏墨跡測試〔Rorschach test〕[1]。」我很榮幸被點到名，但有點難過我的話被用來支持我反對的立場。）

---

[1] 羅夏墨跡測試，心理測驗方法。受試者看著各種墨跡說出聯想，接著分析師依據答案判斷其心理狀態。

而辛普森（O.J. Simpson）案，是另一個許多數學面向沒有得到足夠檢視的新聞事件。比如，我們來看看亞倫‧德修茲（Alan Dershowitz）提出的辯方論點說，在1,000個毆打妻子或女友的男人中，只有不到一個人會殺死對方。因此，法庭根本不應該證明辛普森有毆打他的妻子。統計數字是對的，但跟這件事八竿子打不著，因為這沒有考慮到明顯的事實是：眼下有一個謀殺受害者。利用貝氏定理、以及到處都可找到的犯罪統計資料就能發現，如果有人毆打妻子或女友而她後來死了，動手打人的人八成就是殺人犯。這根本不用考慮到個別的環境條件差異，也不需要更多證據證明。

　　而「《聖經》密碼」引發的喧囂、眾說紛紜的經濟論述、頻頻發生的醫療疏失、網路的「寬度」、泛世通輪胎公司與福特汽車的輪胎爭議事件、大學評等排名、對千禧世代的吹捧、網路公司熱潮以及甘迺迪家族的「詛咒」，是相對近期幾個包含明顯數學元素的事件。

　　另一方面，《數盲、詐騙與偽科學》也引起了「數學教學法」之議，各方爭論不休。本書出版之後

我寫了一篇短文，談到五個關於數學的錯誤觀念。其實，很多人之所以認為，研讀數學是一件毫無樂趣的苦差事，就是這些理由造成的。

第一項，也是害處最大的誤解，是數學就只是計算而已。事實是，很多數學領域和計算的關係，就和書寫與打字之間的關係一樣。代數、規則和演算過程當然重要（不過有些從本書得到靈感的改革者，似乎宣稱這些不重要）。但人們之所以在數學上碰到問題，比較大的原因是太少接觸數學，沒有把數學當成思維方法與一套環環相扣的高階技能，而不是因為沒有能力計算。

第二項誤解，是認為數學是按難度劃分的學科。因此，要先學會演算，才能學代數，然後是微積分，接著是微分方程式、抽象代數、複變函數，諸如此類的。但這並非必然。（我在一場演講中提到這一點，有人問我高等微積分「之後是什麼」，而我回答「嚴重的牙周病」，結果提問的人有點不知所措。）數學裡當然有一些需要有基礎，才能累積上去的部分，但這些領域通常沒有許多人認為的那麼重要。畢竟，複雜的概念也可以用合乎知識邏輯的用語來說明，對方

就算不具備數學背景，通常也能聽懂。

　　就像在其他領域一樣，說故事也是很有用的數學教育工具。但很多人的想法剛好相反，這也正是第三項誤解。此外，數學和敘事並非無關的兩件事。大學時我曾短暫主修過哲學與英語兩個科系，對於故事、寓言、短文（有時候甚至是笑話）如何幫助人們理解正統數學、如何闡述數學的限制性，與如何點出自明之理——也就是數字和統計永遠都需要經過解讀，我向來極為敏銳。（事實上，我寫過好幾本書，主旨就是強調故事和數字之間錯綜交織的關係。）

　　第四項誤解，是認為數學乃少數人的專利。當然，有些人的數學天分高一點，就像有些人的寫作才華好一點一樣。但就算學生未來不打算成為記者或小說家，我們也不會建議他們就別去上語文和文學的課程。每個人大概都可以對數字和機率、相關性和論證、數字和比率變化等日常生活中處處可見的概念，理解到一定程度。

　　而數學使人變得麻木無感、或多多少少限制我們的自由，則是第五項誤解。（與數學有關的誤解還很多，其中之一就是認為只有五項誤解。但我選擇五，

是因為五是一個很漂亮的數字。）我在《數盲、詐騙與偽科學》討論到一種不切實際的想法：有人擔心，數字會讓人對重大問題無動於衷、對於瀑布和夕陽的壯麗無感。太多人抱持著這種通常前因不搭後果的想法，覺得人必須擇一：看你是要生活與愛情，還是要數字與細節。我在此不提這本書裡舉出哪些反證，只簡單回一句：胡說八道。

數盲會造成社會經濟成本，但如果本書僅把重點放在這些成本上，會嚇退熱情想讀的讀者，也沒有顧到另一種同樣重要、但更無法量化的素養貧乏：美學貧乏。在很多人學習數學的經驗裡，簡潔的說明、引人入勝的情境、合乎邏輯的理性見解，和寓教於樂的量化應用是很罕見的。很可能就因為這樣，大多數讀者都特別喜歡本書中提到，令人嘖嘖稱奇、要動動腦的小世界現象（small-world phenomenon）、如何在不侵犯隱私之下取得機密資訊、各種偽科學詐騙、擇偶計畫、凱撒大帝的最後一口氣、「只講好、不談壞」的股市詐騙、運動界所說的絕佳手氣等等。這些奇聞軼事當然也替我引來最多來信與電子郵件。

既然都提到電子郵件了，且讓我在結尾時感謝來

自各行各業、背景各異、數學能力各不相同、形形色色的來信讀者。不管各位提出的是問題、讚賞、偶有的謾罵或是一般性的批評指教，我都非常重視。我也誠摯感謝本書的所有讀者，有了他們，才讓《數盲、詐騙與偽科學》成為難得一見的數學類暢銷書。

我小幅更動了書的內容，只改了一、兩個字（用意如第一段提到的下巴上的義大利麵醬），但有一點除外，我釐清了第3章提到的兒子一女兒範例。還有，我沒有加上索引，因為我仍認為，即便《數盲、詐騙與偽科學》的內容和概念和數學有關，但這本書在精神上比較像是長篇的個人報告，而不是正式的論文。

聯絡電子郵件：paulos@math.temple.edu。

數盲，其實普遍存在於生活之中

「數學向來是我最爛的一科。」

「100萬美元、10億美元、1兆美元，隨便。只要我們可以解決這件事，多少錢都不是問題。」

「我和傑瑞不能去歐洲了，都是恐怖分子害的。」

數盲，是指沒有能力自在地應對和數字以及機率有關的基本概念。這項缺點讓太多在其他方面博學多聞的人受了很多苦。這些人會因為別人混用「隱含」和「推斷」而感到苦惱，但看到數字上出現錯誤與矛盾，就算是嚴重失當，回應時也絲毫不見尷尬。我還

記得，有一次在派對上聽到一個人侃侃而談「繼續」和「持續」有什麼差別，當晚稍後我們看新聞報導，氣象播報員說星期六的下雨機率是50％，星期天也是50％，結論是那個週末下雨的機率是百分之百。那位自封文法家的先生覺得這話很對，就連我向他解釋錯在哪裡之後，他也沒什麼表示。但如果天氣播報員的語法錯誤，他可能會比較火大。人常會隱藏其他缺點，但數學不好這件事不一樣，多半都是明目張膽表現出來：「我連平衡收支帳都做不到。」「我這個人關心的是人，我不關心數字。」或者「我向來痛恨數學。」

　　人們會洋洋得意於自己對數學很無知，部分原因是數學不好造成的後果，不像其他缺點這麼明顯。基於這一點，再加上我堅信人對於用具體範例來說明更有反應，對於一般性的描述比較無感。因此，本書會檢視許多真實世界裡的數盲範例，包含股票詐騙、擇偶、報紙專欄上的占卜師、飲食和醫療主張、恐怖主義的風險、占星、運動賽事數據、選舉、性別歧視、幽浮、保險和法律、心理分析、超心理學、樂透以及藥物試驗等等。

我努力避免太自以為是的言論，也不要用哲學家艾倫‧布魯姆（Allan Bloom）式的批判，來泛論流行文化或是教育系統，但我還是提出了一些通論式的評論與觀察，但願我舉的例子能支持我的論點。我的看法是，有些人無法游刃有餘地面對數字和機率，是源於對不確定性、巧合或問題呈現方式的自然心理反應。或者是，出於焦慮，或是對數學的本質和意義懷抱不切實際的誤解。

數盲會造成一種罕有人討論的後果：數盲和相信偽科學有關。本書會討論兩者之間的交互關係。在現代這個社會，每天都會出現基因工程、雷射科技、積體電路等新科技，讓我們更進一步理解這個世界。但有很多成人仍相信塔羅牌、通靈和水晶的力量，特別讓人難過。

更不妙的是，科學家對於各種風險的評估，和一般人對於這些風險的認知大不相同，兩者間的落差最後要不就引發沒有根據、但殺傷力極大的焦慮，要不就導致人們要求得到根本做不到、而且會癱瘓經濟的無風險保證。政治人物在這方面幫不上忙，因為他們的工作就是處理公眾的意見，因此不樂於說清楚可能

會造成哪些危險，以及有哪些相應的取捨，但這是幾乎所有政策要面對的問題。

本書大部分談的是各種不當，比方說沒有數字觀點、過度重視無意義的巧合、輕信偽科學、無能識別社會中的各項取捨等等，寫來很有破解流言的意味。但我希望我有避開很多人這麼做時，都會露出的過度激昂和譴責語氣。

本書盡量用溫和可讀的方式來談數學，只採用一些基本的機率和統計概念。雖然某種程度上來說有一點深，但只需要具備常識與一些演算能力即可領會。而我也會分享一些概念，是過往很少用淺顯易懂的方式來討論的。我的學生多半很喜歡這些內容，但他們也常會問：「考試時會考這個嗎？」讀這本書不用考試，所以讀者可以好好享受，偶爾一些比較困難的段落，跳過也沒問題。

本書的主張之一，是數盲會基於個人經驗、或因為媒體側重個別性與戲劇性效果，而受到誤導，有強烈的對人不對事傾向。但這句話不代表數學家就不帶個人情感、或是一板一眼，我就不是，這本書也不是。我寫這本書的訴求對象，是受過教育但是數盲的

人。或者，至少是對數學還沒有怕到死，不會看到數學兩字就癱軟的人。如果能因此講清楚數盲在我們的公、私生活中有多麼普遍，寫這本書就值得了。

1

強化數字感，
抱持合理的懷疑

如果你對機率一無所知，可能會覺得發生車禍
是相對無關緊要的當地交通問題，前往海外遭
到恐怖分子殺害則是重大風險。

兩名貴族外出騎馬，一人挑釁另一人，說要比比看誰想出的數值比較大。第二位接受挑戰，專心想了幾秒，然後驕傲地大聲說：「3。」提出玩這個遊戲的人半小時都不出聲，最後聳聳肩，承認失敗。

　　夏天，有一位遊客來到緬因州（Maine）的一家五金行，買了很多昂貴的商品。生性多疑且沉默謹慎的老闆在收銀機上一項一項打著帳單，從頭到尾不發一語。等他打完，他指向總金額，看到算出來的價錢是 1,528.47 美元。接著，他有條有理地再算了一遍、兩遍、三遍。遊客最後問老闆能不能告訴他多少錢，緬因人勉為其難地回答：「快好了。」

　　數學家哈代（G. H. Hardy）去醫院探視他的得意門生──印度裔數學家拉馬努金。兩人閒聊一番後，哈代提到載他來醫院的計程車車牌是 1729，這個數字很無聊。但拉馬努金馬上說：「不，哈代！才不呢，哈代！這是非常有趣的數字，這是可以用兩組兩數立方和，來表示的最小數值（按：$1729 = 1^3 + 12^3 = 9^3 + 10^3$）。」

數字很大，機率很小

從前述的貴族到拉馬努金，不同的人具備不一樣的數學能力。但讓人遺憾的事實是，多數人都和老緬因人一樣，數盲程度跟故事中的貴族差不多。每當我遇到一些完全不知道美國有多少人口、美國東岸到西岸大概多遠，或者中國人口在世界上占比多高的學生，總是讓我感到訝異又難過。有時候我會叫學生做練習，估算人的頭髮生長速度每小時可以長多少公里、地球上每天約有多少人死亡，或是每年美國消費多少香菸。雖然有些人一開始心不甘情不願（有學生堅稱，頭髮不會以每小時幾公里的速度成長），但最後他們都大幅強化了自己的數字感。

倘若完全不了解生活中的一些大數字，就無法抱持合理的懷疑態度，來看待「美國每年有百萬名兒童遭到綁架」這種嚇人的新聞報導，也無法清明審慎地理解，何謂「搭載百萬噸級（megaton）爆炸威力的彈頭」（答案是，相當於100萬噸〔a million tons，約9億公斤〕TNT炸藥的破壞力）。

如果你對機率一無所知，可能會覺得發生車禍是

相對無關緊要的當地交通問題，前往海外遭到恐怖分子殺害則是重大風險。

但我們通常看到的是，每年美國有4萬5,000人死於路上交通意外，相當於越戰時戰死的美國人數。另一方面，1985年有17個美國人遭到恐怖分子殺害，當年則有2,800萬名美國人前往海外，算起來，成為恐怖主義受害者的機率是一百六十萬分之一。請把這個數值和以下的年度數據相比：噎死的比率是六萬八千分之一，腳踏車事故的死亡率是七萬五千分之一，溺斃的機率是兩萬分之一，死於車禍的機率則高達五千三百分之一。

面對這些大數以及對應的小機率值，數盲必會以不當推論回應：「是這樣沒錯啦，但如果你就是那個之一的話怎麼辦？」他們還會一邊說，一邊心領神會地點頭，彷彿他們用深入透澈的洞見駁倒了你的論點。這是一種對人不對事的傾向，我們會看到很多有數盲問題的人都有這種人格特質。另一種傾向也同樣常見，那就是他們會把染上某種罕見奇特疾病的風險，和得到心血管疾病的機率畫上等號，但每星期大約有1萬2,000個美國人死於後者。

有一個我很喜歡的笑話，跟這個主題勉強有點關聯：一對90幾歲的夫婦聯絡了一位律師談離婚，但律師懇求他們繼續相守：「你們結婚都已經七十年了，幹麼還離婚？幹麼不繼續在一起？為何現在要離婚？」老太太最後以沙啞的聲音尖聲說：「我們本來想等到小孩都死了才離。」

　　很多時候，能感受到多少量、或多少時間才叫適當，是聽懂笑點的必要條件。這麼說來，從本來應該幾百萬變成幾十億、或是本來應該是幾十億變成好幾兆，應該也是很好笑的事，但實則不然。因為我們通常無法憑直覺感受到這麼大數目的意義。很多受過教育的人都不太能理解這些數字，甚至不知道一百萬就寫成 1,000,000，十億是 1,000,000,000，一兆則是 1,000,000,000,000。

　　華盛頓大學的克朗倫德（Kronlund）和菲利浦斯（Phillips）兩位博士最近做的研究顯示，多數醫師在評估不同手術、療程或療法的風險時都很離譜（就算是他們自己的專科領域也一樣），通常可以說是差了十萬八千里。這讓我想起，我有一次和一位醫師聊天，他講到自己正在規劃的療程，在約20分鐘內他

說了：（一）風險只有百萬分之一；（二）99％安全；（三）通常很順利。此外，很多醫師相信，如果要避免看診時間出現空檔，候診室至少要有11個人在等才行。有鑑於此，看到上述的新證據證明他們是數盲，我一點也不訝異。

以非常大或非常小的數字來說，所謂的科學記號通常都比標準記數法明確而且容易使用，因此我有時候會用。這當中完全沒有任何神妙之處：10^N 就代表1後面N個零，10^4 就是 10,000，10^9 就是 10 億。10^{-N} 則是 1 除以 10^N。因此，10^{-4} 是 1 除以 10,000，或是 0.0001，10^{-2} 是百分之一。4×10^6 是 $4 \times 1,000,000$，答案是 4,000,000。5.3×10^8 是 $5.3 \times 100,000,000$，答案是 530,000,000。2×10^{-3} 是 $2 \times 1/1,000$，答案是 0.002。3.4×10^{-7} 是 $3.4 \times 1/10,000,000$，答案是 0.00000034。

報章雜誌為何不在報導內，適時使用這些科學記號？與媒體討論的許多主題相比之下，科學記號根本不難懂，而且比一度倡導改用、但失敗的公制（很多無聊的文章都寫過這個主題）更好用。畢竟，以 7.39842×10^{10} 來表示，比寫成 73,984,200,000 更容

易理解，也更簡單明瞭。

如果以科學記號來表示，之前提過的問題答案是：人的頭髮生長速度接近每小時 1.6×10^{-8} 公里，地球上每天約有 2.5×10^5 個人死亡，美國一年要抽掉接近 5×10^{11} 根香菸。這些數字標準記數法為：每小時 0.000000016 公里、約 250,000 個人、約 500,000,000,000 根香菸。

鮮血、高山與漢堡

在《科學美國人》（*Scientific American*）雜誌裡的一篇數盲專欄文章中，電腦科學家侯世達（Douglas Hofstadter）引用理想玩具公司（Ideal Toy Company）為例，該公司在原始的魔術方塊包裝上宣稱，魔術方塊可以有超過30億種型態。計算結果顯示，可能的型態有超過 4×10^{19} 種，那是4後面跟著19個0。包裝上面也沒說錯，可能型態確實超過了30億種，但這種說法是嚴重低估了。這也表示數盲普遍存在，對於以科學為基礎的現代社會來說，十分不適當。這就好比是林肯隧道（Lincoln Tunnel）入口處

的標誌上面寫著：紐約，人口超過6人。或是麥當勞很驕傲地宣稱，他們已經賣掉超過120個漢堡。

4×10^{19}這個數字並不常見，但一萬、一百萬以及一兆則不少見。以百萬、十億等等為單位的範例隨手可得，我們可以很快來做個比較。例如，100萬秒就是11.5天，10億秒則是32年。這樣一比，就可以讓我們更理解這兩個常用數值單位的相對大小。那兆呢？現代人類存在的歷史很可能不到10兆秒，早期智人尼安德塔人（Neanderthal）完全消失，大約是1兆秒前的事。農業約已經出現3,000億秒（1萬年），書寫約已存在1,500億秒，而搖滾樂的歷史大約僅有10億秒。

比較常見的大數目，則像是數以兆計的美國聯邦政府總預算，以及快速累積的武器儲備量。舉例來說，美國約有2.5億人，因此，若聯邦預算以每10億美元為計，算起來，每個美國人需要支付 4 美元。而國防部的預算大約為三分之一兆美元，換算下來，一個四口之家每年約分攤5,000美元。這些年來，（你我的）這些錢買了什麼？全球核武爆炸所產生的威力，相當於2萬5,000百萬噸的TNT炸藥爆炸。換

算下來約是22兆公斤，或者可以說地球上的每個男女老少要面對約4,500公斤的爆炸威力。（順道提一句，如果汽車裡約有0.45公斤重的TNT炸藥爆炸，會毀了這部車並殺死車子裡的每一個人。）美國一艘三叉戟飛彈核子潛艇（Trident submarine）攜帶的核武，比二次大戰裡用掉的總火力還多了8倍。

我想引用一些比較討喜的例子，來說明小數字。我知道費城老兵體育館（Veterans Stadium）某區有1,008個座位，就以此為例，來說明「千」這個單位中比較小的數值，這也比較好想像。而我家附近有一座汽車修理廠，北面牆大約用1萬（也就是10個千）個細磚砌成。如果要講到10萬（也就是100個千），我通常會想到篇幅適中的小說字數。

要理解這些大數目，想出像上述這樣一、兩組對應到10次方、最多到13、14次方的數字，會很有幫助。而且，你本人愈理解這些數字的內容愈好。此外，去估計一些激起你好奇心的數字，也是很好的練習。比如：美國一年吃掉多少個披薩？你一生會講出多少字？每年《紐約時報》會登出多少不同人的姓名？美國國會大廈裡面可以裝幾顆西瓜？

我們來粗略計算一下每天全世界有多少性交活動。這個數字會因為日子不同而有差異嗎？根據曾經存在過的人類卵子與精子數量，去估計可能製造出來多少人類，你會發現，人能夠出生確實是一件難能可貴的幸事。

　　要估算這類數值通常很簡單，也很有啟發性。比方說，全世界的人加起來有多少血？成年男性約有5.6公升的血液，成年女性稍微少一點，小孩又更少了。因此，以全球約50億人口、每人平均約有3.8公升的血來估計，全世界大約有190億公升的血，可以寫成1.9×10^{10}公升。每立方公尺是1,000公升，190億公升換算下來大約有1.9×10^7立方公尺的血。1.9×10^7的立方根大約是267，所以，全世界的血量可以倒進一個每邊長約267公尺的立方體裡存放，而這個容量還不到1立方公里的五十分之一！（1立方公里＝10^9立方公尺。）

　　紐約中央公園面積大約為340公頃。如果圍著公園豎起牆面，把全世界的血倒進公園裡，深度還不到6公尺。以色列和約旦邊界的死海面積約為1,010平方公里，如果把全世界的血都倒進死海裡，只能讓深

度增加約2公分。就算不用特別的脈絡來看，這些數字也很驚人：全世界的血液總量居然不算多！至少從數量來說，與野草的總量、樹葉的總量或是藻類的總量相比，顯然人類在各種生命型態中只能居於邊緣。

我們來換個領域，看看超音速協和號飛機（Concorde）。協和號1小時可以飛約3,200公里，相比之下，蝸牛1小時的移動速度約為8公尺、換算下來約每小時0.008公里。協和號的速率比蝸牛快了40萬倍。更驚人的速度對比，是一般電腦與人腦做10位數加法的速度之差。人類劃來寫去的速度就像蝸牛一樣，相對之下，電腦運算的速度比人快了超過100萬倍，換成超級電腦的話，兩者之間的比值超過十億比一。

最後一道和地面有關的計算題，是一位麻省理工學院的科學顧問，在面試時用來淘汰應徵者的問題。他問，垃圾車要花多久時間才能搬走一座山（假設是日本的富士山）？假設條件是垃圾車每15分鐘來一部，一天運作24小時，而且馬上就能裝滿土石，並會立刻開走不會擋到彼此的路。這個答案有點出乎意料，我們等等再來揭曉。

大數目與富比士400大富豪榜

　　從《聖經》到作家喬納森・斯威夫特（Jonathan Swift）寫的小人國，從美國神話中的巨人樵夫保羅・班揚（Paul Bunyan）到作家弗朗索瓦・拉伯雷（François Rabelais）筆下的巨人，尺寸向來是世界文學中的主軸。但最讓我驚異的是，這些作者在運用大數目時，前後不一的情況非常嚴重。

　　拉伯雷的故事裡說，巨人寶寶要喝下1萬7,913頭牛產的奶量才會飽（這也是他成為巨人的理由）。年輕時，還在讀書的巨人去巴黎旅遊，坐騎是一頭身體相當於六頭大象大的母馬，而巨人還把聖母院的鐘掛在母馬的脖子上當成鈴鐺。歸鄉路上，一座城堡裡的人發射大炮攻擊他，他用一把約275公尺長的耙子，把頭髮裡的炮彈梳下來。為了做沙拉，他砍下大如胡桃樹的生菜，狼吞虎嚥吃掉12個躲在樹叢間的朝聖者。你是否看得出這段故事裡面的不一致之處？

　　而《聖經・創世紀》對洪水的描述如下：「水勢在地上極其浩大，天下的高山都淹沒了⋯⋯」從字面來看，這段話的意思似乎是，地表上累積的水位達到

約3,000到6,000公尺高，這相當於超過20億立方公里的水！根據《聖經》的說法，那場雨下了40天40夜，換算下來僅960個小時，這場雨的累積雨量一定至少達到每小時4,500毫米，這顯然足以淹掉任何飛行器，更別說一艘載著幾千種動物的方舟了。

找出這些說法當中的不一致，是具備數學素養的小樂趣之一。但，重點倒不是我們應該永無休止地分析各種數字的一致性和可能性。而是如有必要，我們可以從最少量的數字中梳理出資訊。通常，光是根據這些原始的數字就能駁倒一些說法。如果人們有餘裕去做估計以及簡單的計算，就可以推斷出很多明顯的結論（當然也可能得不出結論），遏止荒謬想法傳開。

回過頭解答拉伯雷的巨人問題之前，先讓我們假設有兩條截面積相同的吊繩。（我確定，我之前的版本沒有寫後面這一句。）吊繩上的力和質量成比例，質量又和長度成比例。兩條吊繩的截面積相同，因此，繩子承受的壓力（由截面積分擔），會因為長度的不同而有差異。一條吊繩的長度如果比另一條長10倍，壓力也就比短的大10倍。類似的道理顯示，

如果有兩座材質相同、幾何上相似的橋，兩者當中必然是比較大型的橋更為脆弱。

同樣的，一個約183公分高的人也沒辦法拉成9公尺高，就算是拉伯雷也辦不到。身高拉長5倍之後，他的整個重量會變重5^3倍，但他的承重能力（以他的骨頭截面積區域來衡量）只會增加5^2倍。大象身軀龐大，是因為牠們有粗壯的腿。而鯨魚相對不受影響，是因為牠們都潛入水中。

在很多情況下，雖然人們起先會理所當然認為，數量都是等比例增加或減少，但通常不見得如此。很多尋常生活中的範例也證明了這一點。假如麵包的價格漲6％，我們沒有理由認為，遊艇的價格也會上漲6％。如果一家公司規模擴大為原來的20倍，公司各部門的相對比例也不會和從前一樣。假設讓白老鼠攝取1,000公克的某物質，會導致100隻裡有1隻罹癌。但這不代表只攝取100公克的話，會導致1,000隻裡有1隻罹癌。

我曾經寫信給富比士400大富豪榜（Forbes 400）當中少數具有重大影響力的富豪，請他們捐贈2萬5,000美元贊助我當時正在做的專案。我聯繫對象的

平均身家都將近4億美元（4×10^8，這麼多錢絕對是一個大數目），我要的不過是這筆財富的區區1/16,000，我期待愈有錢的人，可以更大方地贊助。我的理由是，如果有個陌生人要我贊助25美元（這筆錢已經超過我淨財富的1/16,000），我大概會如對方所願。唉，雖然我收到很多友善的回覆，但沒拿到半毛錢。

阿基米德與實務上的無限大

有一種基本的數字特性以希臘數學家阿基米德命名，稱為「阿基米德性質」（Archimedean property），指：一個數字不管多大，只要把夠多的較小數字（不管多小）加起來，都可以超越這個大數。雖然道理顯而易見，但有些人還是不願意接受這些結論。比方說，我那個學生就堅持，人的頭髮生長速度不會以每小時幾公里來算。或像是，電腦科學裡有所謂的難解問題（intractable problem），當中有很多大概得花上千年才解決得了。這是因為，在處理這類問題時，需要反覆執行操作，而很遺憾的，表示簡單電腦運算速

度的單位奈秒（nanosecond；按：十億分之一秒）會不斷累積，最終導致顯著的延誤。另一方面，微觀物理（microphysics）使用極小的時間和距離單位，天文學則關注更廣袤的時間與空間，但其實這些都和人的世界處於相同的維度，我們需要花一點時間才能習慣這個事實。

上述的數字特質，顯然可以推導出阿基米德的名言。他說：給他一個支點，一根夠長的槓桿以及一個可以站的地方，從物理上來說，光靠他一個人就可以舉起地球。但數盲無法認知到小數目加總起來的力量。他們似乎都不認為，自己用的小小髮膠噴霧罐會對破壞臭氧層這件事上有任何影響，也不認為自家汽車助長了酸雨問題。

而令人讚嘆的金字塔，靠的是一次疊一顆石頭慢慢建成。但比起用卡車載走土石、移平海拔 3,776 公尺的富士山，前者所需的時間短了五千到一萬五千年。阿基米德做了一項同類型的計算，但更加經典：他去估計填滿地上和天上需要幾粒沙。雖然他沒有科學記號可用，但他發明了差不多的東西，他的計算大致如下。

我們把「地上和天上」，解讀為地球這個球體。因此，要填滿地球需要幾粒沙，取決於地球球體的半徑和沙子的粗細。假設每直線英寸（linear inch）有15粒沙，那每平方英寸有 15×15 粒沙，每立方英寸有 15^3 粒沙。每12英寸等於1英尺，每 12^3 立方英寸等於1立方英尺，那麼，每立方英尺就有 $15^3 \times 12^3$ 粒沙。同樣的，1英里等於5,280英尺，每立方英里就有 $15^3 \times 12^3 \times 5,280^3$ 粒沙。而球體容積的公式為：$4/3 \times \pi \times$ 半徑的三次方。所以，要用沙子裝滿一個半徑為1兆英里（這是阿基米德估計出來的大約數值）的球體，大約需要 $4/3 \times \pi \times 1,000,000,000,000^3 \times 15^3 \times 12^3 \times 5,280^3$ 粒沙，這個數字算出來大約是 10^{54}。

做這些計算會讓人感受到一股力量，這種感覺很難解釋，但某種程度上會有一種掌握了這個世界的心理狀態。這個計算題還有一個更現代的版本，就是計算需要多少次原子粒（subatomic bit），才能填滿整個宇宙。對於一些只有理論上可解的電腦問題來說，這樣的數字就相當於是「實務上無限大」（practical infinity）。

如果用概略一點的算法來算，宇宙是一個直徑達400億光年的球體。要是再把計算簡化一點，我們可以說地球是一個邊長為400億光年的立方體。原子核（質子加中子）的直徑則是10^{-12}公分。而電腦科學家高德納（Donald Knuth）提出的阿基米德問題是：如果要用邊長為10^{-13}公分（是原子核直徑的十分之一）的立方體來填滿整個宇宙，需要多少？簡單算一下，數量大約少於10^{125}。假設有一部體積如宇宙一般大的電腦，內含的運作零件尺寸小於原子核，裡面包含的零件數目不到10^{125}個。如此一來，萬一演算到需要用到更多零件的問題，那這部電腦就算不出來了。有一點可能會讓人意外：這類問題很多，其中有一些很常見，而且在實務上有其重要性。

有一個相對小的時間單位，是光通過其中一個上述邊長為10^{-13}公分小立方體所需的時間，而光速為每秒30萬公里。假設宇宙已經存在了150億年，但在這段期間，只過了不到10^{42}個這樣的時間單位。因此，在演算任何問題時，如果要用到10^{42}個步驟（每一個步驟需要的時間，顯然比前述的時間單位多了一點），耗費的時間就會比宇宙存在的時間還長。還有

很多這類的問題。

　　假設人蹲踞成一個球體，直徑為1公尺。我們以此為基準，針對生物領域做一些揭示性的對照，會比較容易想像。一個人類細胞和人體的尺寸差異，相當於一個人和羅德島州（Rhode Island）之間的差異。而一個病毒和一個人的尺寸差異，大約是一個人和地球的差異；一顆原子和人的尺寸差異，差不多是一個人和地球繞日軌道的尺寸之差；一個蛋白質和人類的尺寸差異，就像一個人離南門二星（Alpha Centauri；按：目前已知距離地球最近的恆星之一，約4.37光年之遙）的距離一樣。

乘法原理和莫札特的華爾滋舞曲

　　講到這裡，很適合重複我之前講過的話：偶爾一些比較困難的段落，數盲的讀者跳過也沒問題。因為接下來幾段更有挑戰性。同理，有些段落談的是枝微末節的內容，已具備數學素養的讀者想跳過也沒問題。（甚至，就算所有讀者都跳過整本書，那也沒問題。但我誠心希望，頂多跳過一些段落就好了。）

乘法原理非常簡單，而且十分重要。乘法原理說，如果你在一件事上有M種選擇，在後續的另一件事上有N種選擇，那麼，在考慮順序之下，你可以做出M×N種選擇。

　　如果一位女士有五件上衣和三條裙子，每一件上衣（B1、B2、B3、B4、B5）都可以搭配三條裙子（S1、S2、S3）中的任一條，那她就有5×3＝15種搭配方法，得出的十五種搭配法分別為：B1、S1；B1、S2；B1、S3；B2、S1；B2、S2；B2、S3；B3、S1；B3、S2；B3、S3；B4、S1；B4、S2；B4、S3；B5、S1；B5、S2；B5、S3。

　　若菜單上有四道開胃菜、七道主菜和三道甜點，假設用餐的人什麼都吃，那他可以設計出4×7×3＝84種不同的晚餐菜色。

　　同樣的，丟一對骰子的話，不管第一顆骰子出現的點數是多少，都可以和第二顆骰子的6個點數配對，因此可能得到的結果有6×6＝36種。如果要求第二顆骰子的點數要不同於第一顆，第一顆骰子不管出現幾點，都可以和第二顆骰子剩下的5個點數配對，可能的結果就有6×5＝30種。丟三顆骰子，可

能有$6 \times 6 \times 6 = 216$種結果。要求三顆骰子的點數都不同的話，可能有$6 \times 5 \times 4 = 120$種結果。

在計算大數字時，這項原理很有用。比方說，如果不撥打區域碼的話，可以撥打的電話號碼有多少。答案是8×10^6，大約是800萬組：電話號碼的第一碼可以是八個數字中的任何一個（通常電話號碼的第一碼不會是0和1），第二碼可以是十個數字中的任一個，以此類推到第七碼。（有些地方確實碼數會多一點，數字也會多一點，800萬組實際上是低估了。）

同樣的，如果美國某州的車牌號碼編排方式，是兩個英文字母再加四個數字，可得出的組數就是$26^2 \times 10^4$。如果每一碼都不允許重複，那可能的汽車車牌組數為：$26 \times 25 \times 10 \times 9 \times 8 \times 7$組。

八個西方國家的領袖共聚一堂，為了重要的業務（也就是拍大合照）出席峰會，他們的排列方式總共有$8 \times 7 \times 6 \times 5 \times 4 \times 3 \times 2 \times 1 = 40,320$種。為什麼？在這4萬320種當中，有幾種是美國總統雷根和英國首相柴契爾並列站在一起？要回答這個問題，先假設雷根和柴契爾被放進同一個大布袋裡，這七件物品（剩下的六國領袖加一個大布袋）的排列方式有

$7 \times 6 \times 5 \times 4 \times 3 \times 2 \times 1 = 5,040$ 種（這又用到乘法原理了）。然後，這個數值要乘以2，因為把雷根和柴契爾從布袋裡放出來之後，這兩位並列的領袖還可以選擇誰在前誰在後。算下來，雷根和柴契爾並列站在一起的排列方式總共有1萬80種。如果各國領袖是隨機站，這兩人站在一起的機率為 $10,080 / 40,320 = 1/4$。

莫札特寫過一首華爾滋舞曲，在十六個小節中，他針對當中的十四個小節寫了十一種可能的旋律，並替剩下兩小節中的一小節寫了兩種可能旋律。也因此，這首華爾滋有 2×11^{14} 種變化形，我們只聽過其中很小的部分。法國詩人雷蒙・格諾（Raymond Queneau）也依循同樣的脈絡，他出了一本書《一百兆首詩》（*Cent mille milliards de poèmes*）。這本書的篇幅僅有十頁，每頁都有一首十四行詩，書的頁面經過裁剪，使得每一首詩中的每一行，都可以單獨翻頁，這樣每首詩的第一行都可以和十首詩的第二行組合，以此類推。格諾宣稱，這樣可以組出 10^{14} 首有意義的十四行詩。然而，可以肯定的是，他的說法永遠不會得到證實。

人們通常無法理解這些看來少少的配對可能，到底有多麼多。有一位體育作家曾經提出正式建議，主張棒球隊總教練應該列出手上25位球員的所有可能組隊方式，每一組都去打一場比賽，然後根據戰績選出最佳的九人組。這項建議可以從很多方面來解讀，但整體來說，可組成的隊伍數目很大，球員還來不及輪到就作古了。

三球冰淇淋和馮紐曼的花招

31冰淇淋（Baskin-Robbins）主打有三十一種不同風味的冰淇淋，在不重複的條件下，一隻三球冰淇淋甜筒可能的排列有 $31 \times 30 \times 29 = 26{,}970$ 種。最上面一球可以是三十一種裡的任何口味，中間是剩下三十種中的任一種，最下面則是剩下二十九種的任一種。

如果不在乎甜筒裡的冰淇淋怎麼排列，只在乎有多少種三球不同口味的冰淇淋組合，那我們要把 26,970 除以 6，得出 4,495 種。除以 6 的理由是，要排列三種不同口味的冰淇淋，總共有六種排法（3 ×

2×1）。假設三種口味是草莓（S）、香草（V）和巧克力（C），排列方式為SVC、SCV、VSC、VCS、CVS和CSV。不管是其他哪三種口味，情況都一樣，因此，三種不同口味冰淇淋的組合共有（31×30×29）／（3×2×1）＝4,495種。

另一個範例比較不容易讓人變胖：很多州的樂透彩都規定，選號時要從四十個可選數字中選定六個。若考慮六個數字的排列順序，那麼，就會有40×39×38×37×36×35＝2,763,633,600種結果。然而，如果只關心選出來的六個數字組合是什麼（樂透的規定就是這樣），不在乎排列的先後順序，那就有2,763,633,600除以720種組合，得出的答案是：3,838,380。除以720是必要的，因為六個號碼，總共有720＝6×5×4×3×2×1種排列方式。

另一個對於打牌的人來說相當重要的範例，是一手五張撲克牌總共有幾種排列組合。同樣的，如果排列順序不一樣視為不同情況的話，發出五張牌總共就有52×51×50×49×48種可能結果。但順序不重要，因此我們要把前述的乘積除以（5×4×3×2×1），會有2,598,960種手牌組合。知道這個數字之

後，就可以算出幾個有用的機率。比方說，發牌時拿到四張A的機率是48/2,598,960（大約是五萬次裡會有一次），因為手牌有四張A的可能組合，是四張A加上第五張牌為剩下四十八張中的任一張。

請注意，這三個範例的計算方式都一樣：得出三種不同口味冰淇淋組合的算法是（32×30×29）/（3×2×1）；從四十個數字選出六個數字的不同組合的算法是（40×39×38×37×36×35）/（6×5×4×3×2×1）；打撲克牌時可能拿到的手牌組合的算法是（52×51×50×49×48）/（5×4×3×2×1）。用這種方法算出來的數字，稱為組合係數（combinatorial coefficient）。當我們想知道，從N個元素中選出R個、但不考慮這R個元素的排列順序（不同順序視為同一個組合）時，就會用到這項公式。

有一種和乘法原理類似的原理，可以用來計算機率。如果兩個事件彼此獨立，即一個事件出現的結果，不會影響到另一個事件出現的結果，那麼，計算這兩件事都出現的機率，就是把發生個別事件的機率相乘。

舉例來說，丟兩次硬幣、得出兩個人頭的機率，是 $1/2 \times 1/2 = 1/4$。因為拋擲硬幣兩次可能得出的四種狀況為：字—字、字—人頭、人頭—字、人頭—人頭，只有一種是兩個人頭。同樣的道理，連續丟5次硬幣全部都得出人頭的機率是 $(1/2)^5 = 1/32$。在這32種機率相同的情況中，有一種就是連續5次出現人頭。

　　或是，輪盤停在紅色格子的機率是 $18/38$，而輪盤轉動事件是獨立的，因此輪盤連續5次都停在紅色格子的機率是 $(18/38)^5$，答案是 0.024，也就是 2.4%。同理，隨機選出一個人，此人生日不在7月的機率為 $11/12$，由於每一個人是哪一天生日都是獨立的，隨機選出12個人，這12個人的生日都不在7月的機率為 $(11/12)^{12}$，答案是 0.352，或 35.2%。事件獨立是機率中很重要的概念，如果這個條件成立，乘法原理可以大大簡化我們的計算。

　　最早出現的一個機率問題，是自封為梅雷騎士（Chevalier de Méré）的賭徒安托萬‧貢博（Antoine Gombaud），對法國數學家兼哲學家布萊茲‧帕斯卡（Blaise Pascal）提出的。梅雷騎士希望知道以下哪

個事件發生的機率高一點：連續擲一顆骰子4次，至少出現一次6點，還是連續擲一對骰子24次，至少出現一次12點。如果還記得某件事不會發生的機率，是1減去發生的機率（會下雨的機率為20％，表示不會下雨的機率為80％），乘法原理就足以得出答案。

擲一顆骰子沒有出現6點的機率是5/6，連擲4次都沒有出現6點的機率就是（5/6）^{4}。因此，1減掉這個數字，就是沒有發生後面這個事件（即無擲出任何一個6點）的機率，換言之，就是擲4次至少出現一個6點：$1-(5/6)^4 = 0.52$。同樣的，擲一對骰子24次，至少出現一次12點的機率，是$1-(35/36)^{24} = 0.49$。

比較現代的例子，是計算異性戀者得到愛滋病的機率，計算方法相同。據估計，與已知患有愛滋病的異性伴侶，從事單次無保護措施的性行為，染病的機率約為1/500（這是由多項研究得出的平均數字）。因此，單次性交不會得到愛滋病的機率為499/500。如果就像很多人所做的假設，這類風險是獨立的，那麼，兩次性交後不會得到愛滋病的機率是（499/500）^{2}，N次性交後不會得到愛滋病的機率是（499/

500）^{N}。而（499/500）^{346}等於1/2，如果你每天和已罹病的異性伴侶從事不安全性行為長達一年，約有50％的機率不會得到愛滋病（換句話說，有50％的機率會得病）。

相反的，使用保險套的話，和已知罹病的異性伴侶，從事單次不安全性行為而染病的風險，會降至1/5,000。每天和此人從事安全的性行為長達十年（假設病患存活），你得病的機率才會來到50％。如果你不知道你的性伴侶是否罹病，但對方非屬任何已知的高風險群體，單次無保護措施性交導致罹病的機率是五百萬分之一，使用保險套的話則會降到五千萬分之一。你回家途中死於車禍的機率，比幽會高得多。

兩個立場相反的當事人常會用硬幣來決定結果，其中一方、甚至兩方可能會懷疑硬幣不公正。數學家約翰‧馮紐曼（John von Neumann）設計出一個使用乘法原理的小花招，就算使用的硬幣不公正，互為競爭對手的兩方還是可以得出公平的結果。

擲硬幣兩次，如果兩次都是人頭或兩次都是字，那就再丟兩次。如果出現的是人頭—字，那就決定是甲方贏，要是出現的是字—人頭，那就決定是乙方

贏。就算硬幣有假，用這種方式決定，出現字—人頭與人頭—字的機率仍是相同。舉例來說，假設硬幣有60％的機率出現人頭、40％的機率出現字，出現人頭—字的機率是$0.6 \times 0.4 = 0.24$，出現字—人頭的機率是$0.4 \times 0.6 = 0.24$。由此可證，即便硬幣可能偏頗有假（但如果以其他方式造假的話，又是例外），雙方仍可以相信結果是公正的。

二項機率分布（binomial probability distribution）是和乘法原理以及組合係數密切相關的基礎知識。當一項程序或試驗會出現「成功」或「失敗」兩種結果，而我們想要知道N次試驗中，得出R次成功的機率多高時，就會用到二項機率分布。

例如，如果自動販賣機賣汽水時有20％的機率會溢出杯外，接下來10次裡剛好有3次外溢的機率是多少？最多有3次外溢的機率又是多少？假如家中有5個小孩，正好有3個女兒的機率是多少？至少有3個女兒的機率又是多少？如果十分之一的人都是某種血型，那麼，接下來隨機選擇100人，在這些人當中正好有8個人也是這種血型的機率有多高？至少有8個人是該血型的機率又是多高？

先讓我來導出自動販賣機這一題的答案：由於汽水溢出杯外的機率是20%，應用機率的乘法原理，前3杯溢出、但接下來7杯沒溢出的機率為：$(0.2)^3 \times (0.8)^7$。但這溢出的3杯在10杯裡會有不同的位置，可能是最後3杯溢出，或是第四、第五和第九杯溢出，諸如此類的。因此，每一種機率都是$(0.2)^3 \times (0.8)^7$。要在10杯裡挑3杯，總共有$(10 \times 9 \times 8) / (3 \times 2 \times 1) = 120$種組合（組合係數），所以剛好有3杯汽水溢出的機率是$120 \times (0.2)^3 \times (0.8)^7$。

要算最多有3杯汽水溢出的機率，就是找到剛好有3杯外溢的機率（我們已經算出來了），再加上有2杯、1杯和0杯汽水外溢的機率，這些機率都可以用類似的方法計算。讓人開心的是，現在已經有現成的表可查，也有人算出很好用的近似值，可以縮短計算時間。

凱撒大帝與你

乘法原理最後還有兩種用法，一種有點讓人難過，另一種比較讓人開心。第一種是不會罹患各種疾

病、不遭受各種意外或不幸的機率。99％的人都不會死於車禍，98％的人都可以避免死於居家意外。不會得肺部疾病的機率大約為95％，不會得痴呆症的機率約90％，不會罹癌的機率為80％，不會得心臟疾病的機率為75％。以上的數字僅供參考，很多嚴重的災難疾病也都可以得出精準的機率估計值。儘管避開特定疾病或意外的機率，看來很讓人振奮，但想要避開全部，機率就不是這麼高了。

如果我們把前述的所有機率相乘（假設這些災禍大致上彼此獨立），乘積很快就變得非常小，這表示，我們不會因為前述任何一項倒楣事受苦的機率已經低於50％。這有點讓人焦慮，簡單的乘法原理居然鮮活地凸顯出人類必死無疑。

現在，來看看能持續到永久的那類好消息。首先，深吸一口氣。假設莎士比亞說的話很正確，凱撒大帝在呼出最後一口氣前說了：「布魯圖斯，你也有份嗎？」你有多大機率吸進凱撒臨死前呼出的氣息分子？答案非常讓人意外：你吸進了這些分子的機率達99％以上。

不相信我的人請看好了：我假設，兩千多年之

後，他呼出的氣息分子平均分散在全世界，大部分都還在大氣裡自由流動。

基於這些合理有效的假設，可以直接了當計算相關機率。如果世界上有 N 個空氣分子，其中 A 個是凱撒呼出來的，你吸進的任何一個分子是凱撒呼出來的機率為 A/N，你吸進的任一分子不是凱撒呼出來的機率，則是 1–A/N。根據乘法原理，如果你吸進三個分子，這三個分子全都不是凱撒呼出來的機率，是 $(1-A/N)^3$。同理，你吸進 B 個分子，其中完全沒有任何一個是凱撒呼出來的機率，是 $(1-A/N)^B$。如此一來，你吸進的分子至少有一個是他呼出來的機率，是 $1-(1-A/N)^B$（這稱為餘事件〔complementary event〕）。套入 A、B（各約三十分之一個莫耳〔mole〕，也就是 2.2×10^{22} 個分子）與 N（約 10^{44} 個分子）的數值，算出來的機率高於 0.99。這真是非常讓人訝異，至少從這個最基本的意義來說，每一個人到頭來都是彼此的一部分。

2 /

不是巧合，而是
很可能發生⋯⋯

數盲的一大特質，就是常嚴重低估巧合出現的
機率，看輕實際且嚴謹的統計證據。但其實，
即便是很罕見的事件，也大可預測。

「在漫長的歲月裡，命運四處流轉，許多巧合同時發生也不足為奇。」

——羅馬時代的希臘作家蒲魯塔克（Plutarch）

「你也是魔羯座，真是太棒了。」

有一個到處旅行的人，很擔心他搭的飛機上有炸彈。他判定，有炸彈的機率很低，但對他來說還不夠低。於是，他總在行李裡放著一顆炸彈跟他一起上飛機。他的理由是，飛機上同時有兩顆炸彈的機率，幾乎是低到不能再低了。

數盲的一大特質是……

佛洛伊德曾說過，世界上沒有巧合這種事，榮格則討論共時性（synchronicity）的神祕，一般人也不停地說著這件事多麼諷刺、那件事又多出乎意料。不管我們稱之為巧合、共時性還是意想不到的事，很多人都沒想過的是，這種事其實很常見。

以下有一些很有代表性的範例：「喔，我妹夫以前也讀那所學校，我朋友的兒子負責修剪校長家的草地，我鄰居的女兒認識一個女生，對方以前是那間學校的啦啦隊隊長。」「今天早上她告訴我，她很擔心他去公開水域釣魚，之後我就看到了五種和魚有關的事物：午餐吃魚，卡洛琳的洋裝上有魚的圖案，還有……」「哥倫布 1492 年發現新大陸，他的義大利同胞恩里科·費米（Enrico Fermi）1942 年發現原子這個新世界。」「你一下子說想趕上他，之後又說想追上她，你的心事還真是顯而易見啊。」「芝加哥席爾斯大樓（Sears Building）的高度與紐約伍沃斯大樓（Woolworth Building）的高度之比，和質子的質量與電子的質量之比，都是同樣的四個數字（前者是

1.816，後者是1816）。」「雷根和戈巴契夫於1987年12月8日簽署中程飛彈條約，剛好是約翰・藍儂被殺的七年後。」

而數盲的一大特質，就是常嚴重低估巧合出現的機率。他們往往太過強調各式各樣的相似之處，但看輕實際且嚴謹的統計證據。如果他們剛好預測到別人的想法，或是做了一個夢後來成真了，或讀到甘迺迪總統的祕書叫林肯，而林肯總統的祕書叫甘迺迪，就會認為，這證明了他們個人的小宇宙裡，存在一種不可思議又神祕的和諧一致。

當我和一個看起來很有智慧、且以開放態度看待這個世界的人見面，只要對方馬上問我的星座，然後指出我的個性很符合那個星座（不管我對他們報的星座是什麼），這就是最令我沮喪的事了。

利用以下廣為人知的機率結果，我們可以說明巧合非常可能發生。一年有366天（假設把2月29也算進去），只要找來367個人，就能確保其中至少有兩人同一天生日。為什麼？

那如果，我們只需要有50%的把握呢？我的意思是，要有多少人在場，其中至少兩人同一天生日的

機率才會過半？一開始大家會猜是183人，也就是約365的一半。正確答案讓人意外：僅需要23人就可以了。換句話說，只要隨機選擇23個人共聚一堂，有一半的機率會有兩個或更多人在同一天生日。

不願意單憑信任就接受這個答案的讀者，請參見以下簡要的運算。根據乘法原理，從一年中隨意選擇5天（容許重複），總共有（365×365×365×365×365）種選法。在這365^5種可能中，有（365×364×363×362×361）種是沒有任何日期重複：先從365中任選第一日，再從剩下的364天中選擇第二日，以此類推。因此，用（365×364×363×362×361）的乘積除以365^5，就能得出：隨機選5個人、且這5個人沒有任何人是同一天生日的機率。現在，用1（如果我們講的是百分比的話，那就是100％）減去這個機率，就可以得出5個人中至少有兩人同一天生日的餘事件機率。應用同樣的方法，把5換成23，就可以得出二分之一，或者說50％，這是23人裡至少有兩人同一天生日的機率。

幾年前，有人試著在約翰・卡森（Johnny Carson）的節目上說明這件事。主持人卡森不相信，他

提到攝影棚裡有120名觀眾，他問有多少人跟他一樣，都是3月19日生日。沒人。而這位來賓也不是數學家，他在辯駁時說了一些別人根本聽不懂的話。他本來應該要說的是，只要有23個人在場，其中有兩人同在某一天生日的機率就會過半，重點是不能限定日期，比方說3月19日。在一群人中，如果至少有一個人和主持人同天生日的機率要達到50％，在場人數必須比前述多更多，準確來說要有253人才行。

簡要計算一下上述這題：一個人的生日不在3月19日的機率為364/365。由於每一個人的生日都是獨立的，兩個人的生日都不是3月19日的機率為364/365×364/365。因此，N個人的生日都不是3月19日的機率為（364/365）^{N}，當N＝253時，這個數值就約為二分之一。反之，至少有一個人的生日也是3月19日的餘事件機率要達到二分之一（也就是50％），同樣也需要253個人。

當中的意義是：同在某天生日這種看來不可能的事件，其實很可能發生。但指定要同在特定某一天生日，則比較不可能發生。數學科普作家馬丁‧葛登能（Martin Gardner），用上面有26個英文字母的轉

盤，來說明發生普通事件和特定事件的差異。如果旋轉轉盤100次並紀錄每一次轉出的字母，得出CAT或WARM等字的機率極小，但是得出**某個**字的機率則相當大。既然之前我講到占星術，用十二個月分和九大行星（按：2006年，國際天文聯合會〔International Astronomical Union〕通過決議，將冥王星降級成矮行星，目前太陽系已變成八大行星）英文名稱的第一個字母套在葛登能的範例上，特別適合。十二個月分的第一個字母組合起來會變成JFMAMJJASOND，裡面有一個名字「JASON」（傑森），九大行星的第一個字母組合起來會變成MVEMJSUNP，裡面出現了「SUN」（太陽）。這有意義嗎？並沒有，只是巧合。

很矛盾的結論是：看起來不太可能發生的事件，是很有可能會發生的。如果你沒有具體指出是什麼情形，發生同類事件的機率其實相當高。

我們要等到下一章，才會討論到江湖郎中與電視傳道。現在要先講的是，他們的預言通常語焉不詳，因此預測成真的機率就變得相當高，但明確詳細的預言則很少成真。如此一來，某報紙占星師預測「某位國內知名的政治人物，將接受變性手術」，這件事會

比直指當事人是紐約市長郭德華（Ed Koch），更有可能成真。或者，在電視傳道人大聲呼喊、叫病痛消失時，某個觀眾胃疾就好了的機率，遠大於特定觀眾從胃疾中康復。同樣的，涵蓋範圍廣、什麼都賠的保單，長期下來比只支付特殊疾病或特定旅程的保單划算。

小世界、巧遇與鴿籠原理

來自美國兩個不同地區的兩個人，在一趟前往密爾瓦基（Milwaukee）出差的旅程中毗鄰而坐，並發現其中一人的妻子，參加了另一位的熟人舉辦的網球營活動。這類巧合其實很常見，頻率高到讓人意外。假設美國約有兩億成年人，他們各認識約1,500人，這1,500人散居於全美各地，任兩人之間約有百分之一的機率有共同認識的人。以這樣的概念來說，互不認識的兩人有超過99％的機率，可以由兩個中間人串聯起來。

在這些假設之下，我們幾乎可以肯定，隨機選擇兩人（比方說這兩個都在出差的陌生人），最多可透

過兩個中間人就能連結起來。至於他們會不會在對話期間，講完兩人各自認識的1,500人（以及這1,500人各自認識的人），然後意識到讓他們搭上線的那兩個中間人是誰，則是比較難說的事了。

我們也可以稍微放寬假設。一般人認識的成年人可能不到1,500人。或者，更有可能的情況是，認識的人都住在附近，而不是散居全國。但就算是這樣，兩個隨機選取的人可以透過兩個中間人連結起來的機率，仍高到讓人咋舌。

心理學家史丹利‧米爾格蘭（Stanley Milgram）用實證方法來研究巧遇：他隨機選出一群人，並給每個人一份文件和一個（不同的）「目標對象」，要受試者把文件傳遞給此目標對象。他的指令是，每一個人要把文件交給自己認為最有可能認識目標對象者，並指示接到文件的人也這麼做，一直到目標對象收到文件為止。米爾格蘭發現，中間連結的人，範圍從2到10人都有，最常見是5個人。比起之前的機率論主張，本項研究的結論雖然沒這麼驚人，但更令人印象深刻，大有助於解釋私密訊息、留言和笑話為何能在群體中快速流竄。

當然，如果目標對象很有名，就只需動用很少的中間人，要是你和一、兩位名人有關係，那中間人又更少了。你和雷根總統之間，隔著幾個人？假設是 N 個，那麼，因為雷根認識戈巴契夫，你和戈巴契夫總理之間的距離就小於等於（N + 1）。你和貓王之間，隔了幾個人？雷根認識尼克森總統，尼克森總統又認識貓王，所以最多就是（N + 2）。多數人發現自己和幾乎任何名人之間的關係鏈其實很短時，都非常訝異。

　　大一時，我寫信給英國哲學家兼數學家伯特蘭‧羅素（Bertrand Russell），對他說我從國中時就很崇拜他，並針對他以德國哲學家海格爾（G.W.F. Hegel）的邏輯理論為題所寫的論文，向他請益。他不僅回覆了我的信，還把這封回信納入他的自傳裡，就夾在他寫給前印度總理賈瓦哈拉爾‧尼赫魯（Jawaharlal Nehru）、前蘇聯總理赫魯雪夫、詩人艾略特、作家勞倫斯（D. H. Lawrence）、哲學家路德維希‧維根斯坦（Ludwig Wittgenstein）與其他名人的信件之間。我很樂意一提，我和這些歷史名人之間相隔的中間人數為 1 —— 羅素。

還有另一個範例，可以用機率來解釋巧合有多常見。這個問題通常是說：有一大群男士將帽子寄存在餐廳的衣帽間，但這些人記錯自己的寄放號碼，這樣至少一人離開時，正確拿回自己帽子的機率有多高？我們自然而然會想，如果這一群人很多，那機率應該很低。但出乎意料的是，至少有一個人正確拿回自己帽子的機率，約有63％。

　　我們再來講另一個例子：如果徹底弄亂1,000個寫好地址的信封，和1,000封寫好地址的信函，然後一個信封裡放進一封信，至少有一封信函放進對應信封的機率為63％。或者，我們可以拿兩堆完全洗過的紙牌。如果翻開這兩堆紙牌，每一次同時翻一張，至少有一次翻出來是一樣的牌的機率有多高？同樣的，是63％。（附帶問題：為什麼只要徹底洗其中一副牌就好了？）

　　我們有時會用一個很簡單的數字原理，來說明某些特定的巧合：一名郵差要把21封信分到20個信箱裡，21大於20，因此這位郵差很確定，即使不看地址，至少有一個信箱裡會有多於一封的信。這是常識，有時候也稱為鴿籠原理（pigeonhole principle）

或迪利區勒抽屜原理（Dirichlet drawer principle），可用來驗證不那麼顯而易見的事實。

我們回想一下，之前講過如果讓367個人共聚一堂，可以確定至少有兩人同一天生日。更有趣的一件事是，以住在費城的人來說，至少有兩人的頭髮數量一樣多。通常我們假設，一個人髮量最多大約是50萬根，再假設有50萬個信箱都標上編號，且220萬費城人都是一封信，要投遞到編號對應到自己髮量的那個信箱。如果費城市長威爾森‧古德（Wilson Goode）有22萬3,569根頭髮，那他就要被放到編號為這個號碼的信箱裡。

由於220萬遠大於50萬，我們可以確定，至少有兩人有相同的髮量，亦即，有某些信箱會收到至少兩個費城人。（事實上，我們可以確定至少有5個費城人有同等髮量。為什麼？）

股市騙局、人性與極端值

到處都有股市顧問，你想必能找到一個最合你心意的人。這些人通常很果斷，聽起來很權威，講的都

是賣權、買權、吉利美、零息債券等奇特用語。就我貧乏的經驗來說，雖然有些顧問很清楚自己在講什麼，但大部分都不是。

如果你連續六個星期，都收到某位股市顧問正確預測某個股票指數的漲跌表現，並要求你付錢才能收到第七次的預測值，你會付嗎？假設你真的有興趣做這類投資，再假設對方請你付錢是在1987年10月19日美股崩盤之前。如果你真的願意付錢以收到第七次的正確預測值，請想一想以下的騙局。就算你不願意，也請詳閱。

有個自稱顧問的人，在3萬2,000份精美的信紙和信封上，印上個人品牌標誌，並發送給有意投資股票指數的人。這封信講到他公司有精密的電腦模型、他具備金融專業以及有內線消息。在這些信中，他在其中1萬6,000封預測指數會漲，在另外的1萬6,000封則預測會跌。無論漲跌，他都會發出後續追蹤信函，但只給一開始收到正確「預測」的那1萬6,000人。再來，他對其中8,000人預測下星期指數會漲，對另外8,000人預測會跌。現在不管如何，都有8,000人接到兩次預測皆為正確的信。接下來，他又

僅對這8,000人發信，預測下星期指數的表現：對4,000人預測會漲，對4,000人預測會跌。不問結果，都會有4,000人連續收到三次預測正確的信。

連續這樣多做幾次，直到有500人連續收到六次正確「預測」的信為止。現在這500人再次收到信，提醒他們收到的預測已六度成真，要是想得到第七週的寶貴資訊，每個人要付500美元。如果每個人都付錢，顧問就有25萬美元入袋。萬一當事人是故意這麼做，且本來就意圖詐騙，這就是非法的騙局。但換成是熱心卻無知的股市刊物發行人、賣藥的江湖郎中或是電視布道人無意間這麼做，很多人反而認為沒有問題。日常總是有夠多隨機成功的案例，足以讓人找到證據，來佐證幾乎任何自己想要相信的事情。

這些股市預測和不切實際地看待成功的原因，也凸顯出另一個不同的問題。由於這類預測通常形式各異，難以互相比較，而且數量很多，人們無法遵循全部的建議行動。部分真的去試手氣但運氣不佳的人，通常就閉上嘴巴，絕口不提自己的經歷。但也有一些人績效亮麗，無論他們用了什麼方法，都會敲鑼打鼓地宣稱那很有效。有些人很快群起效尤，引發一陣風

潮，就算無憑無據，也會風行好一陣子。

　　忽略壞的、失敗的，把焦點放在好的、成功的，是一種很常見的人性傾向。賭場很鼓勵這種傾向，他們讓人玩吃角子老虎贏得的每一分錢，都發出閃耀的光芒，叮叮噹噹落在金屬托盤裡。看到這些燈光、聽到這些聲響，很難不留下每個人都在贏錢的印象。輸錢或大敗的人則一聲不響。同樣的道理也適用於，一旦出現股市殺手級大賺操作法，就會廣為宣揚。相對之下，人們從股市慘賠畢業的故事，卻不為人所知。還有，使用信仰療法的治療師，把患者偶然的病況改善歸功於己，但要是另一位接受治療的盲人後來竟不良於行，他只會把責任推得一乾二淨。

　　這種過濾現象非常普遍，而且透過很多種方式呈現。不管在哪一個領域做選擇，大規模測量的平均值與小規模測量的平均值大致上相等。但是大規模測量的極端值，會遠比小規模測量的極端值更極端。比方說，以任何一條河流來說，二十五年期間的平均水位，大約和一年期間的平均水位相當，但在二十五年期間水患最嚴重時的水位，會比一年期的水患水位高很多。或是，小國比利時的一般科學家的程度，大約

和大國美國的一般科學家相同。但美國最出色的科學家，大致上遠優於比利時最出色的科學家（我們先不管顯然會讓問題更複雜的因素，以及一些定義上的問題）。

所以那會怎樣？答案是，無論是體育、藝術還是科學，人們通常把重點放在贏家和極端值上，拿現代的運動員、藝術家和科學家，與過去的出色人才相比，然後貶今揚古。有一個相關的結果是，國際新聞的壞消息通常比國內新聞多，國內新聞的壞消息多於各州的新聞，各州新聞的壞消息又多於本地新聞，本地新聞的壞消息則多過於你居住的鄰里。本地的悲劇生還者上電視時總是會說：「我不懂為什麼會這樣，這附近從來沒發生過這種事。」

這條原理還有最後一種體現方式：在還沒有收音機、電視和電影之前，音樂家或運動員可以在當地培養出忠實觀眾，因為他們就是多數民眾看過最出色的人才了。現在即便在鄉下，人們再也不滿足於只看到當地表演者，更進而要求欣賞到世界級人才。從這方面來說，媒體對群眾有利，對表演者不利。

從驗血到賭局，期望值能告訴你的事

巧合或極端值引人注目，但平均值（或者說「期望」值）通常能提供更多資訊。而某個量的期望值，就是各個數值根據機率加權之後的平均值。舉例來說：如果某個量有四分之一的機率為2，三分之一的機率為6，三分之一的機率為15，剩下十二分之一的機率為54，那麼，其期望值就等於12，計算方式為 $[12 = (2 \times 1/4 + (6 \times 1/3) + (15 \times 1/3) + (54 \times 1/12)]$。

我們來舉一個簡單的例子，就以住宅保險公司為例。假設這家公司很有理由相信，平均而言，每一年每1萬張保單裡，就會有1張要理賠20萬美元，1,000張保單裡有1張要理賠5萬美元，50張裡有1張要理賠2,000美元，剩下的則不需理賠。這家公司想要知道，每承作一張保單平均要理賠多少錢。這個答案就是期望值，以我們的例子來說，算法是：$(\$200,000 \times 1/10,000) + (\$50,000 \times 1/1,000) + (\$2,000 \times 1/50) + (\$0 \times 9,789/10,000) = \$20 + \$50 + \$40 = \$110$。

一台吃角子老虎的支付金額期望值,也是用同樣的方法計算。每種情況下的支付金額,乘以發生此情況的機率,然後把這些乘積加起來,就得到平均支付金額(或者說期望支付金額)。例如,若三個欄位都出現櫻桃,機器就要吐80美元,出現這種情況的機率為($1/20$)^3(假設每一個欄位有20種花樣,其中只有一個是櫻桃)。我們用80乘以($1/20$)^3,然後把這個乘積和其他支付金額(輸錢視為付出金額,為負值)與機率的乘積相加。

　　來看看更進階的範例:假設一家診所要驗血來確認某種疾病,罹患這種疾病的機率約是每100人當中有1人。人們以50人為一群來到這家診所,診所院長在想,與其個別驗血,他或許可以把50人的抽血樣本合併在一起,放在一起一次驗。如果混合樣本檢驗結果為陰性,那他就可以宣稱整群人都很健康。假如是陽性,他可以再個別驗血。如果院長決定把抽血樣本合併起來,那他要做的檢驗次數期望值是多少?

　　院長要不就是做一次檢驗(如果合併起來的樣本為陰性),要不然就要做51次(萬一是陽性)。某個人健康的機率為99/100,50個人都健康的機率為

（99/100）^{50}，因此，他只需要做一次檢驗的機率為
（99/100）^{50}。另一方面，至少有一個人罹患這種病
的餘事件機率為[1−（99/100）^{50}]，必須做51次檢驗
的機率也就是[1−（99/100）^{50}]。所以，必要檢驗次
數的期望值為（1次檢驗×（99/100）^{50}）+（51次檢
驗×[1−（99/100）^{50}]），大約是21次。

如果有很多人來驗血，院長的明智做法是個別抽
血採樣，合併在一起，先檢驗合併樣本。如有必要，
他可以針對50個樣本剩下的部分個別檢驗。平均來
說，只要做21次檢驗就可以驗50個人。

理解期望值，有助於分析賭場裡的大部分賭局，
以及美國中西部和英國的嘉年華會中，常有人玩、但
一般人比較不熟悉的賭法：骰子擲好運（chuck-a-
luck）。

招攬人來玩「骰子擲好運」的說詞極具說服力：
你從1到6挑一個號碼，莊家一次擲三顆骰子，如果
三個骰子都擲出你挑的號碼，莊家付你3美元。要是
三個骰子裡出現兩個你挑的號碼，莊家付你2美元。
假如三個骰子裡只出現一個你挑的號碼，莊家付你1
美元。如果你挑的號碼一個也沒有出現，那你要付莊

家1美元。賽局用三個不同的骰子，你有三次機會贏，而且，有時候你還不只贏1美元，最多也不過輸1美元。

我們可以套用名主持人瓊安‧李維絲（Joan Rivers）的名言（按：她的名言是：「我們能聊一聊嗎？」），問一句：「我們能算一算嗎？」（如果你寧願不算，可以跳過這一節。）不管你選哪個號碼，贏的機率顯然都一樣。不過，為了讓計算更明確易懂，假設你永遠都選4。骰子是獨立的，三個骰子都出現4點的機率是 $1/6 \times 1/6 \times 1/6 = 1/216$，你約有 $1/216$ 的機率會贏得3美元。

僅有兩個骰子出現4點的機率，會難算一點。但你可以使用第1章提到的二項機率分布，我會在這裡再導一遍。三個骰子中出現兩個4，有三種彼此互斥的情況：X44、4X4或44X，其中X代表任何非4的點數。而第一種的機率是 $5/6 \times 1/6 \times 1/6 = 5/216$，第二種和第三種的結果也是這樣。三者相加，可得出三個骰子裡出現兩個4點的機率為 $15/216$，你有這樣的機率會贏得2美元。

同樣的，要算出三個骰子裡只出現一個4點的機

率，也是要將事件分解成三種互斥的情況。得出
4XX的機率為 $1/6 \times 5/6 \times 5/6 = 25/216$，得到XX4
和XX4的機率亦同，三者相加，得出75/216。這是
三個骰子裡僅出現一個4點的機率，因此也是你贏得
1美元的機率。

要計算擲三個骰子都沒有出現4點的機率，我們
只要算出剩下的機率是多少即可。算法是用1（或是
100%）減去（1/216 +15/216 + 75/216），得出的答
案是125/216。所以，平均而言，你每玩216次骰子
擲好運，就有125次要輸1美元。

這樣一來，就可以算出你贏的期望值（$3 ×
1/216）+（$2×15/216）+（$1×75/216）+（–$1×
125/216）= $（–17/216）= –$0.08。平均來說，你
每玩一次這個看起來很有吸引力的賭局，大概就要輸
掉8美分。

尋找愛情，有公式？

面對愛情，有人從感性出發，有人以理性去愛。
兩種單獨運作時顯然效果都不太好，但加起來……也

不是很妙。不過，如果善用兩者，成功的機率可能還是大一些。回想舊愛，憑感性去愛的人很可能悲嘆錯失的良緣，並認為自己以後再也不會這麼愛一個人了。而用比較冷靜的態度去愛的人，很可能會對以下的機率結果感興趣。

在我們的模型中，假設女主角——就叫她香桃吧（按：在希臘神話中，香桃木〔Myrtle〕是愛神阿芙蘿黛蒂〔Aphrodite〕的代表植物，象徵愛與美）有理由相信，在她的「約會生涯」中，會遇到N個可能成為配偶的人。對某些女性來說，N可能等於2；對另一些人來說，N也許是200。香桃思考的問題是：到了什麼時候我就應該接受X先生，不管在他之後可能有某些追求者比他「更好」？我們也假設她是一次遇見一個人，有能力判斷她遇到的人是否適合她，以及，一旦她拒絕了某個人之後，此人就永遠出局。

為了便於說明，假設香桃到目前為止已經見過6位男士，她對這些人的排序如下：3—5—1—6—2—4。這是指，在她約過會的這6人中，她對見到的第一人的喜歡程度排第3名，對第二人的喜歡程度排第5名，最喜歡第三個人，以此類推。如果她見了第七

個人，她對此人的喜歡程度超過其他人，但第三人仍穩居寶座，那她的更新排序就會變成4—6—1—7—3—5—2。每見過一個人，她就更新追求者的相對排序。她在想，到底要用什麼樣的規則擇偶，才能讓她最有機會從預估的N位追求者中，選出最好的。

要得出最好的策略，要善用條件機率（我們會在下一章介紹條件機率）和一點微積分，但策略本身講起來很簡單。如果有某個人比過去的對象都好，且讓我們把此人稱為真命天子。如果香桃打算和N個人碰面，她大概需要拒絕前面的37%，之後真命天子出現時（如果有的話），就接受。

舉例來說，假設香桃不是太有魅力，她很可能只會遇見4個合格的追求者。我們進一步假設，這4個人與她相見的順序，是24種可能性中的任何一種（24＝4×3×2×1）。

由於N＝4，37%策略在這個例子中不夠清楚（無法對應到整數），而37%介於25%與50%之間，因此有兩套對應的最佳策略如下：（A）拒絕第一個對象（4×25%＝1），接受後來最佳的對象。（B）拒絕前兩名追求者（4×50%＝2），接受後來

最好的求愛者。如果採取A策略，香桃會在24種可能性中的11種，選到最好的追求者。採取B策略的話，會在24種可能性中的10種裡擇偶成功。

以下列出所有序列，如同前述，1代表香桃最偏好的追求者，2代表她的次佳選擇，以此類推。因此，3—2—1—4代表她先遇見第三選擇，再來遇見第二選擇，第三次遇到最佳選擇，最後則遇到下下之選。序列後面標示的A或B，代表在這些情況下，採取A策略或B策略能讓她選到真命天子。

1234；1243；1324；1342；1423；1432；2134（A）；2143（A）；2314（A，B）；2341（A，B）；2413（A，B）；2431（A，B）；3124（A）；3142（A）；3214（B）；3241（B）；3412（A，B）；3421；4123（A）；4132（A）；4213（B）；4231（B）；4312（B）；4321

如果香桃很有魅力，預期可以遇見25位追求者，那她的策略是要拒絕前9位追求者（25的37％約為9），接受之後出現的最好對象。我們也可以用

類似的表來驗證，但是這個表會變得很龐雜，因此，最好的策略就是接受通用證明。（不用多說，如果要找伴的人是男士而非女士，同樣的分析也成立。）

如果N的數值很大，那麼，香桃遵循這套37%法則擇偶的成功率也約略是37%。接下來的部分就比較難了：要如何和真命天子相伴相守。話說回來，這個37%法則數學模型也衍生出許多版本，其中加上了更合理的戀愛限制條件。

巧合、真兇與約會大作戰

1964年，洛杉磯有一位紮著馬尾的金髮女子搶了另一名女子的皮包。搶匪徒步逃走，之後被人看見躲進一部黃色汽車裡，駕駛者是一個留著鬍子和短髭的黑人男子。經過警方調查，最後終於找到一名金髮馬尾女子，她經常與一位留著鬍子和短髭、且擁有一部黃色汽車的黑人男子來往。不過，沒有任何確鑿的證據可以把這一對情侶扣上搶劫罪行，也沒有目擊者可以辨認出任何一人。但前述的事實，卻讓很多人同意這對情侶就是犯人。

檢方主張，另有這樣一對情侶的機率甚低，警方的調查必然找到了元凶。他拿出以下的數值，說明出現事件中各項特質的機率：黃色汽車——1/10；留著短髭的男子——1/4；紮馬尾的女子——1/10；金髮女子——1/3；留著鬍子的黑人男子——1/10；同在一車內的跨族裔情侶——1/1,000。檢方進一步主張，這些特徵都是獨立的。因此，隨機選擇一對情侶有這些特質的機率為$1/10 \times 1/4 \times 1/10 \times 1/3 \times 1/10 \times 1/1,000 = 1/12,000,000$。這個機率極低，所以這對情侶必然有罪。陪審團定了他們的罪。

　　此案上訴到加州最高法院，基於另一項機率主張被翻案。辯方律師在審判時主張，1/12,000,000這個機率值並不能反映案件事實。以洛杉磯的規模來說，可能有200萬對情侶，他主張：在至少有一對情侶（亦即被定罪的那對情侶）具備清單上列出特質的條件下，另有這樣的情侶，機率並不小。根據二項機率分布和1/12,000,000這個數字，得出的機率約為8％。這個機率很小，但顯然已有合理懷疑（reasonable doubt）的空間。加州最高法院認同，推翻了之前的有罪判決。

不管問題是什麼，1/12,000,000 的機率本身雖然罕見，但並不足以證明任何事。就好比打橋牌時，每個人都會拿到十三張牌。但大家手上的牌型（不管實際上的組合是什麼），拿到的機率都不到六千億分之一。所以，要是有人仔細檢驗手牌後，計算這個牌型出現的機率低於六千億分之一。於是他主張，自己不應該拿到這副牌，因為不太可能有這個結果。那真是很荒謬的講法。

　　在某些情況下，哪怕是不太可能發生的事件，還是有機會發生。比方說，橋牌的每一牌型都不太可能出現。同理也適用於，撲克牌型和樂透彩的號碼組合。以加州這對情侶的案件來說，基於其他人符合特質的機率極低、而認定他們有罪，是相當有說服力的。儘管如此，他們的辯護律師提出的主張仍是對的。

　　另一方面，從四十個號碼中選六個的組合總共有 383 萬 8,380 種，每一種出現的機率都相同。但為什麼多數人都比較偏好 2—13—17—20—29—36，而不是 1—2—3—4—5—6？我認為，這是一個很深奧的問題。

以下在運動界出現的異常狀況，也可能引起法律爭議。假設有兩位棒球員，就說是貝比・魯斯（Babe Ruth）和盧・蓋瑞格（Lou Gehrig）。球賽上半季，魯斯的打擊率高於蓋瑞格，到了下半季，魯斯的打擊率仍高於蓋瑞格。但以整個球季來說，蓋瑞格的打擊率高於魯斯。這種事有可能發生嗎？當然，我光是提出這個問題，就會讓某些人生氣了。但我要講的重點是，乍看之下，似乎不可能有這種事。

有可能的情況是，魯斯在上半季的打擊率是0.300，而蓋瑞格僅為0.290，但魯斯有200打數，相對之下，蓋瑞格僅有100打數。在下半季，魯斯的打擊率是0.400，蓋瑞格則僅有0.390，而魯斯有100打數，蓋瑞格則有200打數。結果就是蓋瑞格的整體打擊率高於魯斯，分別是0.357與0.333。重點是，在計算時，不能單純把球員上半季跟下半季的打擊率加起來再平均。

幾年前加州發生一件耐人尋味的歧視案，其問題形式就和上述的打擊率問題一樣。有些女性檢視某大型大學研究所裡的女性占比，之後便提出訴狀，宣稱該校的研究所歧視女生。大學的行政人員試著去找哪

一個系的罪行最嚴重，他們發現，每個系的女性申請人獲得入學許可的比率，都高於男性申請人。然而，有些系所的錄取率極低，例如英文系和心理系，但這些系所的女性申請者極多。反觀錄取率較高的系所，比方說數學系和工程系，這些則是男性申請人極多的科系。男性申請者錄取的模式，可與蓋瑞格的打擊模式相比擬：球季後半段比較容易打擊出去，因此在這個時候提高打數。

另一個因為機率不成比例而引發的反直覺問題，和一位紐約市的男性有關：他在布隆克斯區（Bronx）和布魯克林區各有一位女友。他對兩人的迷戀（或者說不迷戀）的程度都相同。因此，不管是搭北上的地鐵去布隆克斯、或搭南下的地鐵前往布魯克林，對他來說都一樣。而這兩條路線的班次，一整天都是每20分鐘發一班，他的策略是由地鐵決定要去找誰，哪班列車先來就搭哪班。但一陣子之後，住在布魯克林的女友（她很愛他）開始抱怨，說他僅把四分之一的約會時間花在她身上。而住在布隆克斯的女友（她已經受夠他了）也開始抱怨，說他有四分之三的約會時間都來找她。除了經驗不足之外，這位男士還有什

麼問題要解決？

答案很簡單，如以下所示。如果你想要自己思考的話，請先不要往下讀。這位男士比較常去布隆克斯，是因為列車的排程所致。即便所有列車都是20分鐘發一班車，但是時刻表卻可能如下：7：00，往布隆克斯；7：05，往布魯克林；7：20，往布隆克斯；7：25，往布魯克林……以此類推。前一班往布魯克林的列車，與下一班往布隆克斯的列車之間差15分鐘。而前一班往布隆克斯的列車，與下一班往布魯克林的車之間差5分鐘，兩者差了3倍。這也決定了他有四分之三的時間出現在布隆克斯，只有四分之一的時間出現在布魯克林。

當我們用傳統的方法來衡量、提報與比較一些週期性的數值時，無論是政府的每月現金流、還是每日體溫的變化，都會引起無數的類似奇特現象。

公平硬幣與人生的贏家和輸家

假設我們連續擲一枚硬幣很多次，得出一些由人頭（H）和字（T）組成的序列，比方說以下：HHT

HTTHHHTHTTTHTTHHHTHTTHHTHHTTHTHHTT HHTHTHHHHTHHHTT。如果這是一枚公平硬幣，這樣的序列中蘊藏著一些極古怪的事實。比方說，如果你紀錄出現人頭超過出現字的次數占比，你可能會很驚訝地發現與二分之一相距甚遠。

假設彼得和保羅兩人每天都擲一次硬幣，而一個人賭會出現人頭，另一人賭會出現字。到特定時候，如果人頭超過字，那就算彼得贏。要是字超過人頭，那就是保羅贏。在任何時間點上，彼得和保羅贏的機率都相同，但不管實際上是誰領先，很可能幾乎整段時間都是由他領先。如果他們擲1,000次硬幣，而且到最後是彼得領先，非常有可能的情況是，彼得有超過90％的時間都領先，而不是僅有45％到55％的時間領先。同樣的，假如領先的是保羅，他非常有可能有超過96％的時間都領先，而不只是介於48％到52％。

這個結果如此違反直覺，理由可能是因為多數人常把偏離平均值想成一個橡皮圈：偏離愈嚴重，反彈也就愈大。然而，所謂的賭徒謬誤（gambler's fallacy）——一枚硬幣如果連續出現好幾次人頭之後，

下一次拋擲時就比較可能出現字（輪盤和骰子也適用同樣的概念），卻是錯誤的想法。

話說回來，硬幣不懂平均數，也不懂橡皮圈，如果出現519次人頭與481次字，接下來人頭總數和字總數的差距可能擴大，也可能縮小。就算擲硬幣的次數增加後，出現人頭的比率確實會趨近二分之一，但前述的事實仍然成立。（賭徒謬誤要和均值回歸〔regression to the mean〕現象分開講，均值回歸是真有其事。如果多擲1,000次硬幣，第二輪1,000次裡出現人頭的次數大有機會低於519。）

若是用比率來講，擲硬幣的結果就很符合預期：隨著拋擲的次數增加，人頭與字的次數之比率也會更接近1。如果用絕對次數來說，擲硬幣的結果就很不妙：人頭和字出現的次數差距，會隨著拋擲的次數增加而擴大。因此，也就愈難改變本來人頭多過字的局面，反之亦然。

以絕對數值來看，公平硬幣的表現不如我們所想，這也難怪有些人會成為「贏家」、有些人則是「輸家」。但實際上，兩邊的差異除了運氣之外，別無其他。讓人難過的是，人們對於和他人之間的絕對

差異很敏感，比較難以感受到彼此間的大致平等（rough equality）。如果彼得和保羅各拋擲出519次的人頭和481次的字，彼得很可能被稱為贏家、保羅則成輸家。我猜，贏家（輸家）通常是在事件中賭對（賭錯）邊的人。以硬幣為例，要花上很長、很長的時間才能讓贏的人翻盤，所需時間長過人的平均壽命。

在特定時間內，連續出現人頭或字的次數會高到驚人，這又導引出其他違反直覺的概念。如果彼得和保羅每天都丟硬幣來決定午餐誰請客，非常可能出現的情況是，在約九星期內，彼得連續吃五天免費的中飯，保羅也是。如果以五到六年為期，很有可能兩人都各自連續贏得十餐飯。

多數人都不明白隨機事件通常看起來井然有序。以下是電腦得出的由X與O組成的隨機序列，兩者出現的機率都是二分之一。

OXXXOOOXXXOXXXOXXXXO

OXXOXXOXOOXOXOOOOXOX

XOOOXXXOXOXXXXXXXXXO

XXXOXOXXXXOXOOXXXOOO

XXXXXOOXXOOOXXOOOOOX

XOOXXXXXXOXXXXOOXXXX

OOXXOXXOOXXOXOXOOXXX

OXXOXXXXOXXOXXXXXXXX

XOXXXXXOOOOOXOOXXXOO

XXXXOOXOOXOXXXXOXXXXO

OOOXOXOXXOXXXOOXXOOO

OXXXXXOOOOXXXXOXXOOX

XXXXXOXXOOOOOOOXOXXX

XXOOOXXOXXXOOOOXOXOX

OOXXXXOXOXXXXOXXOOXXO

XOOXOOXXXOXX

　　請注意這一序列中出現多少連（run；指一個或多個相同元素接連出現，例如 X、OO、XXX），以及看似存在的群集分布和模式。但如果我們覺得必須對此做出解釋，勢必也只是杜撰出不正確的論述。事實上，也有些領域的專家會做相關研究，分析這類隨機現象，並用有力的「理由」來解釋模式。

記住這一點，然後想一想股票分析師的說法。特定個股或是整個大盤每天的漲跌，顯然不像上述的 X 和 O 那樣完全隨機，但可以肯定地說，當中有很大一部分涉及機率。然而，從每天盤後的精妙解析中，你絕對猜不到這一點。名嘴永遠都會備齊各式各樣大家耳熟能詳的因素，用來解釋任何的反彈與下跌。總是會有人講到獲利了結、聯邦政府赤字或其他問題造成市場轉為熊市下滑，而企業獲利改善、利率或其他因素則有助於漲勢。但幾乎從來沒有名嘴說市場當天或當週的活動，大致上就是隨機波動的結果。

絕佳手氣、關鍵打者與卜瓦松分布

隨機數列中的群集分布、連與模式，某種程度上可以預測。以特定次數來說，比方說丟20次，在人頭和字組成的序列中，通常會有幾個人頭連續出現的連。例如，丟20次硬幣，出現連續10次人頭之後，再出現10次字的序列是：HHHHHHHHHHTTTTTTTTTT，代表這個序列中只有一個人頭連。丟20次硬幣，如果得出的人頭和字交替出現如：HTHTHTHT

HTHTHTHTHTHT，則表示這個序列中有十個人頭連。要隨機生成這兩種序列，都不太可能。而丟20次硬幣中出現六個人頭連的序列，像是HHTHHTHTTHHHTTHHTTHT，則比較有可能是隨機出現的。

我們可以用這類標準來判定，由人頭和字、由X和O，或是由命中和失誤組成的序列，是不是隨機生成的。事實上，阿莫斯・特沃斯基（Amos Tversky）和丹尼爾・康納曼（Daniel Kahneman）等兩位心理學家挑選命中率約50%的職籃球員，分析他們命中與失誤的序列，發現看起來幾乎是完全隨機的。這也就是說，以籃球來說，能締造出一連串進球紀錄（連）的絕佳手氣，看來並不存在。事實上，會出現一長串的命中紀錄，多半都是因為機率。

舉例來說，如果有球員在一個晚上試著投籃20次，他在這場球賽中至少連續4次進球的機率高到令人訝異，幾乎達到50%。在這場球賽中至少連續5次命中的機率為20%到25%，至少連續命中6次以上的機率約為10%。

如果球員的命中率不是50%，我們可以做些微調，但類似的結論也成立。比方說，命中率為65%

的球員，他得分的模式就像一枚有65％機率會出現人頭的不公正硬幣一樣。也就是說，每次射籃都和上一次互相獨立。

我向來懷疑，體育記者與播報員愛用「絕佳手氣」、「關鍵打者」、「永遠都會東山再起的球隊」這類誇大說法，只是為了有話可講。這些說法當然有點道理，不過更常見的情況是，人主觀想找出意義，但其實背後只是機率在作用。

而在棒球場上連續打出多次安打，是非常了不起的紀錄。這機率很低，低到根本算是無法達成的目標，在機率預測上幾乎不可能出現。但幾年前，皮特·羅斯（Pete Rose）寫下大聯盟的新紀錄，連續44場比賽中都打出安打。為求簡化，我們假設他的打擊率是0.300（輪到他打擊時，他有30％的機率可以打出安打，70％不行），他每場球會打擊4次。所以，他在某一場比賽中無法打出安打（假設打出安打是獨立事件）的機率是（0.7）^{4}＝0.24。（請記住，獨立事件代表他打出安打的模式，就像一枚擲出人頭的機率為30％的硬幣丟出人頭一樣。）因此，他在任一場比賽中至少打出一次安打的機率為1－0.24＝

0.76。而他在44場連續比賽中都打出安打的機率為（0.76）^{44} = 0.0000057，機率確實很低。

　　每個球季有162場比賽，他在其中連續44場比賽中都打出安打的機率稍高一點，來到0.000041（計算方法是，將他連續在44場比賽中打出安打的所有可能列出來，再把機率相加，忽略不只一次連續44場打出安打的機率，因為機率太低）。如此一來，他可以在至少44場比賽中連續打出安打的機率，高了4倍。如果我們把後面這個機率乘以大聯盟裡的球員數目（但打擊率會低很多，要大幅下調這個機率），再乘以棒球存在的年數（針對不同年度的球員人數變化做調整），就會算出大聯盟裡某個時候，有人至少連續44場球都擊出安打，其實不是這麼不可能的事。

　　最後我要提一件事：我檢視的是羅斯的44場連續擊出安打紀錄，而不是喬・狄馬喬（Joe DiMaggio）連續56場安打的更驚人紀錄，是因為從兩人的打擊率差異值來看，羅斯的表現是更不可能達成的成就（雖然羅斯的賽季比較長，共有162場比賽）。

　　而會不會發生連續安打這種罕見事件，是機率造

成的結果，無法個別預測。但是發生事件的模式可用機率來描述。我們來看比較普通的事件：追蹤 1,000 對想要生 3 個小孩的夫婦十年。假設在這段期間，共有 800 對真的生了 3 個小孩。當中任何一對夫婦有 3 個女兒的機率是 $1/2 \times 1/2 \times 1/2 = 1/8$，在這 800 對夫婦中，大約有 100 對會有 3 個女兒。同理，另有 100 對夫婦會有 3 個兒子。而有兩女一男的家庭可能有三種不同排序：GGB、GBG 或 BGG（G 為女兒，B 為兒子），字母的順序代表了孩子的出生序，這三種可能性的機率都相同，都是 $(1/2)^3$，也就是 $1/8$。因此，生出兩女一男的機率是 $3/8$，換算下來，在 800 個家庭裡就有 300 個是這樣。同理，另有 300 個家庭則生兩男一女。

前段內容沒有任何值得訝異之處，但我們也可用同樣的機率說法，來描述非常罕見的事件（但會用到比上述的二項分布更複雜一點的數學）。比如，某個路口每年發生的事故數、某個沙漠區每年下暴雨的次數、特定縣市的白血病人數、普魯士皇家陸軍的騎兵部隊每年因馬踢而死亡的人數，都可以用卜瓦松機率分布（Poisson probability distribution）精準描述。

而首先，要略知事件有多罕見。如果你已經握有這項資訊，再搭配卜瓦松公式，就可以知道：例如，以幾年為期，一年內都沒有人因馬踢而死的比率，有一個死亡案例的比率，有兩個死亡案例的比率，有三個死亡案例的比率，以此類推。同樣的，你也可以預測沙漠地區一年內沒有暴雨、有一場暴雨、兩場暴雨、三場暴雨等等的比率。

　　從這個角度來說，即便是很罕見的事件，也大可預測。

3/

偽科學是否也曾
騙到你？

偽科學中有很多缺陷，但數盲視而不見。很難
想像他們會因為證據不足、或有更好的替代解
釋，就去否定通靈等超自然現象。

有人問邏輯學家雷蒙．史慕揚（Raymond Smul-lyan）為何不相信星座，他回答說他是雙子座，雙子座的人不相信星座之說。

來看看超市裡的小報標題：「神奇的皮卡貨車可以治病」、「大腳怪攻擊村莊」、「7歲小孩在玩具店裡生下雙胞胎」、「科學家即將創造出植物人」、「神奇的印度教聖人自1969年以來，即靠單腳站立」。

翻揀所有偽科學，你會找到一張帶來安全感的毯子、一根讓你吸吮的拇指，和一條可以緊抓的裙子。那我們要交出什麼來換？不確定性！不安感！
——以薩．艾西莫夫（Isaac Asimov），《懷疑論探索者》（*The Skeptical Inquirer*）十周年特刊

遵循愚蠢的先例，閉上雙眼對一切視而不見，比思考容易多了。
——18世紀英國詩人威廉．古柏（William Cowper）

數盲、詐騙與偽科學

數盲和偽科學常常彼此相關，部分理由是偽科學可以提出很肯定的數字，讓數盲很安心，二話不說便認同偽科學的主張。固然，純數學建構在不證自明的公理、即「確定性」上。但把數學應用到實際問題時，效果會受限於：基於何種實證假設、簡化方式和估計。

就連最基本的數學原理，例如「等號兩邊可以互相替代」或是「1加1等於2」，都可能被錯用成：1杯水加1杯爆米花，等於2杯濕軟的爆米花。或者，如果海地前獨裁總統、「娃娃醫生」（Baby Doc）小杜華利（Jean-Claude Duvalier），改稱「嬰兒醫生」（Infant Physician），給人的印象就不會這麼強烈。（按：小杜華利接任其父老杜華利的總統職位，而老杜瓦利埃綽號為「爸爸醫生」〔Papa Doc〕，兒子順理成章成為「娃娃醫生」）。同樣的，雷根總統或許相信哥本哈根在挪威，但就算哥本哈根是丹麥的首都，我們也不能說雷根相信丹麥的首都在挪威。在前述這些反映主觀心智意向的語境（intentional context）之下，等

號的兩邊不見得能彼此替代。

　　如果基本原理會遭到誤解，更深奧的數學也有同樣的命運，就不讓人意外了。要是一個人設計的模型或收集到的數據不可靠，得出的結論也不會準確。事實上，應用現有的數學知識來解決問題，比發展出新的數學理論還要困難。不管是占星、生物節律（biorhythm）還是《易經》，任何沒有意義的東西都可以交給電腦處理，但這麼做並不會讓無稽之談變得有意義。我們就來講一個經常遭到濫用的模型：線性統計推估（linear statistical projection），常有人不假思索就拿來用。如果哪一天，你看到有人用這個模型推估出，墮胎前要先等待一年的冷靜期，也不用太訝異。

　　並不是只有沒受過教育的人，才會做出這類漫不經心的推論。外科醫師威廉‧弗里斯（Wilhelm Fliess）是佛洛伊德的密友，他提出了「生物節律」理論。基本的概念，是人生命的各個面向，會遵循自出生以來就開始的嚴格固定週期。弗里斯對佛洛伊德說，男性與女性在某些面向上會遵循超自然原則，分別以23天與28天為一循環。這兩個數字性質很特

殊，只要取適當的倍數，再做加減運算，就能得出任何數值。我們換個方式來說：用適當的X值與Y值當作倍數，任何數字都可以用23X+28Y來表示。比方說，6＝（23×10）+（28×（-8））。佛洛伊德對這套理論大為嘆服，多年來都是生物節律的忠實信徒。他認為他51歲那一年會死，因為這是28加23的和。但說到底，不只是23和28，任何兩個互質（亦即除了1以外，沒有其他公因數）的數值都有這種特性，可以用這兩個數值的倍數來組合出任何一個數字。所以說，就連佛洛伊德都是數盲。

而佛洛伊德自己的理論則有更嚴重的問題。來看看以下這句話：「上帝想要什麼，就會發生什麼。」這句話或許可以讓人感到慰藉，但我們無法證偽。正如英國哲學家卡爾‧波普爾（Karl Popper）所主張的，這不是科學的一部分。你也總是聽到有人說：「墜機總是會連著三次。」當然，如果你等待的時間夠長的話，什麼事都會連著發生三次。

波普爾批評，從某方面來說，佛洛伊德學派的主張和預測，雖然可以帶來安慰或提供建議，但這些言論大體上都無法證明不成立（就像上一段裡的那些話

一樣）。舉例來說，正統的佛洛伊德學派心理分析師，可能會預測病患出現某種神經質的行為。但如果病患未如預期，反而表現出大不相同的舉止，分析師就會把其行為歸因於「反向作用」（reaction formation）。同樣的，當馬克思主義者預言「統治階級」將剝削人民，但實際上發生的事卻正好相反，此人可能會把結果歸因於，統治階級想試著安撫「勞動階級」。他們總是能找到例外去解釋一切。

　　這本書的目的顯然不是為了討論，是否該把佛洛伊德派或馬克思主義視為偽科學。我要談的，是一種把事實性的陳述，和空洞的邏輯推理混為一談，從而導引出不嚴謹想法的傾向。舉個例子來說，「幽浮裡有外星訪客」和「幽浮是不明飛行物」這兩句話就是完全不同的主張。有次我演講時，有聽眾認為我也相信有外星人，但當時我講的是，我們發現了很多幽浮，這一點無可置疑。17世紀的法國作家莫里哀（Molière）也諷刺過這樣的混淆不清。他在劇本中，讓自負的醫生鄭重宣告，安眠藥之所以有效，是因為這種藥有催眠的作用。正因數學可以將缺乏事實的主張講得鏗鏘有力（如「科學家發現，在冥王星上，

100公分等於 1 公尺」），也難怪很多偽科學裡都有數學成分了。無論是艱澀的計算、幾何型態和代數用詞、罕見的相關性等等，都有人用來替最愚蠢的廢話增色。

心靈玄學的真相

　　人類很早就對心靈玄學感興趣，但簡單的事實是，不管是大魔術師尤里・蓋勒（Uri Geller）還是其他江湖術士，任誰都做不出能證明玄學存在的可重複實驗。在任何受控的實驗中，尤其無法證實超感知覺（extrasensory perception，簡稱ESP，按：俗稱第六感）這種事。就算是極少數「成功」的研究及驗證，都存在很大的漏洞。我無意重述那些不可靠的研究，只提出一些一般性的觀察。

　　第一點明顯到讓人尷尬，那就是超感知覺牴觸了基本的常識原則。一般認為，一定要有正常的感官運作，才會有溝通。所以組織裡如果有機密外洩，人們會懷疑有間諜，不會想到靈媒頭上。而常識和科學都認為，超感知覺現象不存在。因此，認為這種現象存

在的人，必須負起舉證責任。

這裡就牽涉到機率。超感知覺是一種不需正常感官機制，就能進行的限定式溝通。就算真的發生了什麼，你也無法分辨到底真的是超感知覺，還是純屬運氣猜中了。這兩種情況結果看起來都一樣。就好比，考是非題時某一題大家都答對了，你看不出來誰是全科皆優的資優生，誰又是靠猜題答對的學生。我們可以要求考試的學生解釋自己的答案，但無法要求有超感知覺的人，為自己的反應提供正當的理由。而根據定義，超感知覺作用時，不涉及任何我們可查探的感官機制，唯有靠統計檢定來證明超感知覺存在。換言之，就是進行相當多次的試驗，看看反應正確的次數是否夠多，以排除歪打正著的可能性。如果排除湊巧的因素之後又找不到其他合理解釋，那超感知覺就得證。

當然，矢志不移的信念也是重要的因素。這項因素導致了許多錯誤的實驗（例如，超心理學家瑞因〔J. B. Rhine〕的試驗），和徹頭徹尾的狡辯（像是，在超心理學研究中偽造數據的學者索爾〔S. G. Soal〕），這些現象似乎都是超自然領域的一大特色。

另一項是珍娜·狄克森效應（Jeane Dixon effect），這是以自封靈媒的美國人珍娜·狄克森為名的效應。這種效應說，人們會深刻記得靈媒極少數講對的預言，但對於大多數不正確的預言，輕輕鬆鬆就會忘記，甚至輕描淡寫。年終時，超市裡的小報從不會列表指出靈媒說錯了哪些話。而上流階層流行的各式新時代（New Age；按：1960 年代興起於美英社會，跨越宗教、靈性、心理等社會與文化運動的統稱）期刊，看來好像很嚴謹周密，但也不會指出錯誤，昏庸愚昧的程度不相上下。

人們把大量、引人注目的靈學與超心理學報導當成證據，用來證明確有其事。一般人會推斷：煙（其實是熱空氣）這麼大，那一定有火源。接著，讓我們把焦點轉移到另一個也令大眾著迷的事物：19 世紀的人很熱衷於顱相學（phrenology），更證實了「直接從事物的熱門程度，來判斷正確性」的思維的膚淺脆弱。一如既往，不是只有沒受過教育的人才相信偽科學，也有很多人認同，靠檢驗頭部的隆起部分與輪廓，就能判知人的不同心理與心靈特質。很多企業的就業條件，是要求面試人員提交顱相檢驗文件。另

外，很多情侶在考慮結婚時，也會尋求顱相學家的建議。很多專門討論這個主題的期刊，許多流行文學中也可見顱相學的身影。知名的教育家賀拉斯‧曼恩（Horace Mann），認為顱相學是「哲學的指南與基督教的僕人」。19世紀引發「年輕人，去西部」熱潮的美國政治家霍勒斯‧格里利（Horace Greeley），大力主張所有鐵路工程師都應接受顱相學檢測。

從頭往下來看腳，且讓我們來看看踏火者赤足踩在熱木炭上的行徑。常有人把這種事稱為「心靈勝過物質」的範例，就算你不是數盲，一開始聽到也會對這種壯舉（或者說壯腳）感到佩服。這種現象其實沒這麼了不起，原因在於一個少有人知的事實：乾燥的木材熱含量極低，導熱性也很差。就像你可以把手放進熱烤箱中，只要不觸摸金屬架，就不會燙傷自己。同理，人也可以很快地跑過燃燒中的木炭，卻又不會嚴重灼傷腳。當然，用近似宗教的方式，來談如何控制心智，遠比討論熱含量和熱傳導更有吸引力。如果再加上這類蹈火行動都在夜晚進行，以強調冷冽空氣、無盡黑暗與火熱煤炭之對比，這些都成功烘托出戲劇效果。

超自然現象科學調查委員會（Committee for the Scientific Investigation of Claims of the Paranormal，簡稱CSICOP）出了一份很有趣的季刊《懷疑論探索者》，由哲學家保羅‧科茲（Paul Kurtz）在紐約州水牛城發行，裡面有很多揭開偽科學面貌的範例（像是靈氣、水晶力量、金字塔、百慕達三角洲等）。

預知夢、猴子與莎士比亞

另一種據稱的超感知覺現象，是預言夢境。每個人都認識一個會做預知夢的阿姨，她前一晚夢到車子相撞起火，隔天，姨丈的老福特車就撞上了電線桿。我自己也有過這種經驗：小時候，我夢到自己轟出大滿貫全壘打，兩天後我就擊出三壘安打。（就算相信「預感存在」的人，也不會認為現實中發生的事會和夢境一模一樣。）當人做了一個夢、而且夢見的事件發生了，你很難不相信預知這種事。然而，就像以下的推導所示，這類經驗可以更合理地用巧合來解釋。

假設1萬個夢境中有1個夢，會與現實事件的某

些細節一模一樣，好像夢境清晰再現。這發生率很低，因為，在1萬個夢境裡，有高達9,999個夢境都是非預言夢境。同時，我們也假設，一場夢是否符合某一天的經歷，和這場夢是否符合其他日子的經歷，是獨立事件。因此，利用機率的乘法原理，做了兩場不符合現實的夢境機率為9,999/10,000乘以9,999/10,000。同樣的，連續做了N場不符合現實夢境的機率為（9,999/10,000）^{N}。而一年下來每天做的夢都不符合現實、或說是非預言夢境的機率是（9,999/10,000）^{365}。

（9,999/10,000）^{365}大約為0.964，因此可以說，一個每晚都做夢的人，一年內所有的夢都不符現實的機率約為96.4%。不過，這也表示一個每晚都做夢的人，仍有3.6%的機率做了預知夢。3.6%的機率不低，換算下來，一年顯然有幾百萬個預知夢。就算我們把做預知夢的機率改為百萬分之一，但以美國的規模來說，光在這個國家，仍有很大量因為巧合而夢到的預言夢境。這不需要任何特別的超心理能力，預知夢的平凡無奇顯然也不需要任何解釋，如果都沒有人做這種夢，那才需要解釋。

同樣的道理也適用於其他不太可能發生的事件和巧合。舉例來說，時不時都有報導指出，一連串不可思議的巧合串起了兩個人。發生一連串巧合的機率估計僅有一兆分之一（1除以10^{12}，或是10^{-12}）。我們應該另眼相看嗎？答案是，不見得。

　　用乘法原理來算，美國的人口以兩兩配對，可以配出的對數為（$2.5 \times 10^8 \times 2.5 \times 10^8$）／2，得出的答案為$3.13 \times 10^{16}$。我們假設發生這一連串巧合的機率為$10^{-12}$，因此把$3.13 \times 10^{16}$再乘以$10^{-12}$，答案約為30,000，這是每年平均可能發生的「不可思議連結」數量。那麼，這三萬種奇特的因緣際會偶爾出現一次，也沒什麼好奇怪的了。

　　有一種機率極低的一連串巧合，低到不能用前述的論證反駁，那就是傳說中猴子在鍵盤上隨意敲打，卻打出莎士比亞的劇本《哈姆雷特》。發生這種事的機率是（$1/35$）^{N}，其中N是《哈姆雷特》裡用到的符號數目，約20萬，35是打字機的鍵盤數目，包括字母、標點符號和空白鍵。而這個數字是無窮小，基本上就是零。雖然有些人強抓著這個極微小的機率不放，來當成「創世科學」（creation science；按：其

主張有科學證據，可以證明一切都是由上帝從無到有創造出來的）的論據，但這唯一能證明的，就是猴子鮮少能寫出偉大劇作。如果可以的話，猴子不應該把時間浪費在偶爾敲敲鍵盤，而應該要繼續演化成更有可能寫出《哈姆雷特》的物種。順帶一問，為什麼從來沒人問過：莎士比亞隨意活動筋骨，卻意外發現自己像猴子一樣在樹梢盪來盪去，這樣的機率有多高？

占星術的背後

　　占星術是極普遍的偽科學，書店架上塞滿了談占星的書，而且幾乎每一份報紙都會發布每日星座運勢。蓋洛普（Gallup）1986年發布的一項調查報告指出，52％的美國青少年相信星座，而各行各業中，認同占星學中某些亙古流傳說法的人，也多到讓人難過。我說讓人難過，是因為如果那些人相信占星師和占星術，當你進一步思考他們還可能相信哪些人事物，會讓人不寒而慄。一旦那些人手握大權（比方說雷根總統）、卻根據這類信念行事，特別可怕。

　　占星術主張，人出生那一刻的各星球牽引力，會

影響一個人的個性。但這個論點很難讓人接受，理由有二：（一）占星學完全沒有提到這種牽引（或是其他）力道，到底要透過哪一種生理或神經生理機制運作，更別說解釋了；（二）負責接生的產科醫師施加的牽引力，遠高於各個星球。請記住，一件物體對於身體（比方說，新生兒）施加的牽引力，和物體的質量成正比，但和物體與身體的距離平方成反比。這是否代表比較胖的產科醫師接生的寶寶，會有一組人格特質；比較瘦的產科醫師接生的寶寶，會有另一種不同的人格特質？

占星理論中有很多缺陷，但數盲視而不見。他們不太關心運作的機制，也不太想去比較數值大小。話說回來，即使沒有清晰明瞭的理論基礎，但如果占星術有用、有實務證據撐腰，還是應該獲得尊重。只可惜，一個人的出生日期，與標準人格測驗的得分之間，沒有任何相關性。

一直以來，都有人找占星師做相關的實驗（最近是加州大學的蕭恩・卡爾森〔Shawn Carlson〕）。研究人員會給占星師看三個匿名的人格特質側寫，其中一個是當事人的。當事人提供所有占星要用到的數據

（透過問卷，而非面對面），占星師必須從人格特質側寫中挑出哪一份是當事人。實驗中總共有116位當事人，而負責檢驗的是歐洲與美國30位最頂尖（由同業判定）的占星師。實驗結果如下：占星師約有三分之一的時間，可以挑出正確的當事人人格特質側寫，也就是說，和隨機猜測沒什麼區別。

凱斯西儲大學（Case Western Reserve University）物理學家約翰・馬蓋文（John McGervey）檢視《美國科學名人錄》（*American Men of Science*）上，超過1萬6,000位科學家，以及《美國政治名人錄》（*Who's Who in American Politics*）上，超過6,000位政治人物的出生日期，發現他們的星座是隨機且均勻分布在十二個月中。密西根州立大學（Michigan State University）的伯納德・西弗曼（Bernard Silverman）取得密西根州3,000對夫婦的紀錄，發現他們的星座和占星師預測相配的星座之間，沒有相關性。

那麼，為何這麼多人相信占星之說？一個明顯的理由是：在通常語焉不詳的占星預言中，人們會去讀他們想讀到的一切，然後為預言添加根本不存在的真實性。他們也比較可能記得有成真的「預言」，過度

看重巧合，忽略其他。其他理由還包括，占星術的歷史悠久（當然，人祭〔ritual murder〕和獻祭也同樣古老）。或是因為，它原理很簡單、但操作起來有一定的複雜度，會讓人感到安心。或者是，堅稱這個月能不能墜入愛河和天上的浩瀚星海有關，很能寬慰人心。

我猜，此外還有最後一個理由，那就是在一對一諮詢期間，占星師會從臉部表情、儀態、肢體語言等等，尋找和人格特質有關的線索。我們來看看知名的案例：聰明的漢斯（Clever Hans）。漢斯看來是一匹會算數的馬，牠的訓練師會擲骰子，問牠骰子上面的點數是多少。而漢斯會用馬蹄踏出正確答案，然後停住，旁觀者都大為驚異。但人們看不出來的是，訓練師原先都站定不動，等到馬兒敲到正確的次數，會有意無意地動了一下，就是這樣的反應讓漢斯停了下來。所以，不是這匹馬知道答案，牠只是反映了訓練師知道答案。人常無意間在占星師面前扮演訓練師的角色，占星師就像漢斯一樣，反映出客戶的需求。

美國天文學家卡爾・薩根（Carl Sagan）就說過，要破解占星術以及更廣義的偽科學，最好的辦法就是

真正的科學。真正科學的奇妙之處也同樣神奇，不過多了一項優點：這些奇妙之處很可能是真有其事。說到底，偽科學之所以成為偽科學，並不是因為得出的結論稀奇古怪。畢竟，運氣好猜中、機緣巧合、奇特的假說，甚至是一開始的誤信，都在科學上扮演過一定角色。偽科學失當，是因為其結論經不起檢驗，以及無法和其他經過檢驗的主張之間，建立起一致的關係。我很難想像，像演員莎莉·麥克琳（Shirley MacLaine，按：麥克琳是推動新時代運動的先驅）這些人會因為證據不足、或有更好的替代解釋，就去否定通靈等超自然現象。

外星生命、外星人，傻傻分不清楚

我相信，除了占星術之外，數盲也比其他人更可能相信有外太空來的訪客。話說回來，有沒有外星人來地球，和宇宙中有沒有其他有意識的生命，是兩個截然不同的問題。我會做粗略的估算，來說明雖然銀河系非常可能有其他生命型態，但是他們不太可能會殷勤來訪（儘管巴布·霍普金斯〔Budd Hopkins〕

的《入侵者》〔The Intruders〕和惠特里‧史崔伯〔Whitley Strieber〕的《聖餐》〔Communion〕等書抱持不同主張）。這些估算是很好的範例，說明數學常識如何檢核偽科學的胡說八道。

如果地球上自然而然會發展出智慧物種，很難認為其他地方不會出現相同的過程。其中，需要一套可以出現多種不同組合的物質元素系統，以及可以提供這套系統的能量來源。能量通量（energy flux）讓系統可以「探索」各種可能的組合，直到有一小群穩定、複雜、可儲存能量的分子開始發展，接著而來的是更複雜的化合物化學演化，包括一些胺基酸，進而形成蛋白質。最後，發展出了遠古的生命，接著下來就是大雜燴了。

據估計，銀河系裡有約1,000億（10^{11}）顆恆星，假設其中有十分之一可以孕育出行星。在這100億顆恆星當中，約有百分之一所圍繞的行星，是落在恆星的生命帶內。也就是說，它距離恆星夠遠，液態物質（如水、甲烷等）不會蒸發掉；但也離得夠近，不會被凍成冰。所以現在，銀河系裡可以支持生命發展的恆星，僅約有1億顆（10^8）。再加上多數恆星都

遠小於太陽，因此其中約只有十分之一，是可能讓行星發展出生命的候選恆星。就算如此，光是我們的銀河系，仍有1,000萬顆（10^7）恆星，能主宰生命誕生，其中可能有十分之一已促成生命的發展！姑且假設銀河系中，實際上有10^6、亦即100萬顆恆星旁，有可支持生命發展的行星。但為何我們看不到任何證據？

理由之一，是銀河系非常廣袤，大約有10^{14}立方光年。光年是光一年走的距離，光一秒走30萬公里，所以一年會走9.6兆公里。因此，平均來說，這百萬顆恆星每一顆的體積為10^{14}立方光年除以10^6。也就是說，每一顆假設可以支持生命發展的恆星體積為10^8立方光年。10^8的立方根約為500，這表示，銀河系中任何一顆可支持生命發展的恆星，與其最近的恆星之間的距離，平均是500光年。這是地球和月球間距離的100億倍！兩個最「鄰近」恆星的距離就算比平均值小很多，但也足以排除其他星球上的生物，頻頻跑出來寒暄的可能性了。

我們不太可能見到小小綠色外星人的第二個理由，是文明發展的過程分散在時間軸上，存在之後又

消失。事實上，很有可能的情況是，一旦生命變得複雜，自然會變得很不穩定，並在幾千年後自行毀滅。即便高階生命型態平均可持續一億年（從早期的哺乳類算到現代可能發生核子浩劫），但考量到，這些生命型態均勻分布在銀河系一百二十億至一百五十億年的歷史長河中，因此在任一特定時間點上，只有不到1萬顆恆星，能支持高階生命的發展。而這也會使得兩顆鄰近恆星的距離，擴大到超過2,000光年。

我們還沒有看到外星訪客的第三個理由，是即便銀河系內有很多行星都發展出生命，他們可能對我們也沒什麼興趣。生命型態可以是大型的甲烷雲、自主運作的磁場、綿延不絕的馬鈴薯狀生物、整日唱繁複交響曲且大如行星的生命體，或某種依附在向陽岩石邊緣的漂動殘渣。我們沒有什麼理由認為，以上生物和我們有相同的目標或心理狀態，並想要聯繫我們。

簡而言之，雖然銀河系裡其他行星可能有生命，但當你看到幽浮，其中的涵義大概是：那就是一個不明飛行物體。不明，不代表就一定無法辨認或是外星人。

醫療，是偽科學的沃土

醫療是偽科學的沃土，理由很簡單。大部分的疾病或健康狀況：（一）會自行改善；（二）病程本身的發展有一定限度，終究會痊癒；（三）就算會致命，也很少會嚴重惡化。就以上三種情形來說，不管是多麼沒有價值的醫療干預，都會顯得很有效。

透過一個了解情況的冒牌行醫者的眼光來看，上述的結論就更顯而易見。要善用病程自然的起起伏伏（還有安慰劑效應），展開無用治療的最好時機，是病患開始惡化之時。如此一來，比較容易把病況的變化，歸於你巧妙而且可能也很昂貴的干預治療手段。病患好轉，你當然厥功甚偉。如果持穩，也是因為你的治療阻止病情惡化。另一方面，萬一病情惡化，可能是因為藥物的劑量太低或治療不夠密集。要是他過世了，是因為他拖太久才來找你。

不管是哪一種，一旦你的治療在極少數的情況下發揮作用（如果碰上的是不用治療、也終將康復的疾病，「妙手回春」的情況也不會太少），人們很可能就會記住你的成功。反之，大部分的失敗，則會被人

遺忘與埋藏。而各式各樣的機緣巧合，也讓幾乎任何療法都能創造出成果。說真的，如果世上沒有「奇蹟療法」，那才叫奇蹟。

以上這些道理，也適用於信仰療法的治療師、超能力外科術士（psychic surgeon；按，治療者宣稱不必利用手術刀等工具，只要信徒跟唱聖歌、唱讚美詩，他就能以雙手伸入病人的體內，將病灶移除）、順勢療法醫師（homeopathic physician）以及電視傳道人等各式各樣從業人員。而這些人的活躍，更鐵錚錚地證明了，學校應該傳授學生如何秉持好的懷疑精神，而這種心態通常與數盲不相容。（不過，雖然我反對江湖郎中，但不代表我支持嚴格獨斷的唯科學主義論，或論點粗糙的無神論。容我改一句詩人霍華德‧內默羅夫〔Howard Nemerov〕的詩：從「至高的主啊」到「我不知道有沒有上帝」再到「我否定上帝存在」，是一條很長的路，當中有很廣闊的空間讓理性的人安身。）

有些人會提出稀奇古怪的療法或療程，但再怎麼奇特，通常也很難明確駁斥。假設有一位招搖撞騙的飲食控制醫師，指示病患每天早餐、午餐和晚餐，要

吃下整整兩個披薩、四瓶樺木啤酒和兩片起司蛋糕，睡前零食則是一整盒的夾心餅乾配約945毫升牛奶。醫生宣稱其他遵循此法的人，一星期瘦了近3公斤。幾名患者遵循他的處方三個星期，每個人都發現自己反而重了3公斤。醫師的主張站不住腳了嗎？不一定，因為他或許會回答說病患理解不足，沒有滿足附屬條件。像是披薩的醬汁太多、控制飲食的人一天睡了16個小時、樺木啤酒的品牌不對。重點是，人通常都可以找到漏洞，讓自己繼續堅信中意的理論。

哲學家奎因（Willard Van Orman Quine）更進一步主張，經驗絕對無法迫使一個人否定特定的信念。他將科學比喻成一張由互相連結的假說、程序和形式主義構成的整合網，不管這個世界對這張網造成何種衝擊，力道都會分散到四面八方。他主張，只要一個人強力改變這張信念網的其他部分，就會堅信上述的飲食控制法有效，或者說，堅信任何偽科學的說法為真。

比較沒有爭議的論點是，我們沒有明確簡要的演算法，可以區分出科學與偽科學。畢竟，兩者間的界線太模糊。然而，本書的核心主題──數字與機率，

確實可成為統計的基礎。而統計再加上邏輯，又可為科學方法奠基。說到底，如果想區分科學與偽科學，最終也只有靠科學方法理出頭緒了。話說回來，正如粉紅色的存在，無損於紅色不同於白色的事實；就算有黑夜過渡到白天的破曉時分，也不代表黑夜和白天是同一回事。即便難以劃分界線，就算有奎因的論點，也不能否認科學與冒牌貨之間，有根本的差異。

搞混條件機率，才讓騙局有機可乘

　　一個人不一定是因為相信任何標準的偽科學，才會做出錯誤的主張與無效的推論。很多常見的推理謬誤，都可以追溯到對條件機率概念的不求甚解。除非A事件和B事件彼此獨立，不然的話，發生A事件的機率，與假設發生B事件的條件下、發生A事件的機率，並不相同。此話怎講？

　　我們來舉一個簡單的例子，從電話簿裡隨機挑一個人，此人體重超過113公斤的機率很低。然而，如果我們已知中選的人身高超過193公分，此人體重超過113公斤的機率就高很多。或是，擲一對骰子得到

12點的機率是1/36，但當你知道自己擲出的點數至少是11的情況下，得到12點的機率是1/3（結果僅可能有6,6；6,5；5,6。因此，在已知點數至少11的條件下，得到12點的機率是1/3）。

另一方面，在B條件下發生A的機率，和在A條件下發生B的機率，也常常被搞混。我們來舉一個簡單的例子：若已知這張牌是人頭牌（K、Q或J），選到K的條件機率是1/3。但在已知手上的牌是K的條件下，該牌是人頭牌的機率是1，或者說100％。假設在一個人說英語的條件下，此人是美國公民的機率是1/5。但在一個人是美國公民的條件下，此人說英語的機率，很可能約為19/20，或者說0.95。

現在假設我們隨機選出一個四口之家，已知這家至少有一個女兒。你可能是透過某個方法得知此一資訊：你居住的城鎮裡，每個家庭都有一個爸爸、一個媽媽和兩個孩子。你隨便挑一家，來應門的是一個女孩兒。你還知道，在這個城鎮，只要家裡有女兒，永遠都是女兒應門。

不管如何，在家裡至少有一個女兒的條件下，也有兒子的機率是多高？答案可能有點出人意表：達三

分之二。因為這種條件下，總共有三種機率相等的情況：兄妹、姊弟和姊妹，其中有兩種情況都有個兒子。有個女兒來應門時，排除了兄弟這個選項。反之，如果你是在街上遇到一個女孩子，她有兄弟的機率是二分之一。

在我進入比較嚴肅的應用之前，要先提到另一個案例，是因為搞混條件機率、才讓騙局有機可乘。假設一個人手上有三張卡片，一張兩面都是黑色，一張兩面都是紅色，一張一黑一紅。他把卡片丟進帽子，叫你挑一張，但只能看到其中一面，假設是紅色。他知道你挑中的卡片不可能是兩面黑色那張，一定是兩面紅色或一紅一黑其中之一。他邀你下注，賠率一比一，他說這張卡是兩面紅的那一張。這是公平賭注嗎？

乍看之下是。這張卡只可能是兩張之一，他賭了其中一張，那你賭另一張。但其中的重點是，他可能會贏的機會有兩種，你只有一種。因為你挑的牌所翻出的那一面，可能是紅黑牌的紅面，這樣的話你贏。但也有可能是紅紅牌的第一面，這樣的話他贏。或者，可能是紅紅牌的第二面，這樣也是他贏。他贏的

機會是三分之二。在已知不是黑黑牌的條件下，這張牌是紅紅牌的機率是二分之一。不過這個情況並不適用這個條件，因為我們不只知道這張牌不是兩面黑的牌，我們還知道其中有一面是紅色。

條件機率也可以解釋，為何二十一點是唯一記牌會有意義的賭場機率賽局。換成輪盤，之前發生過的事件，並不影響之後輪盤轉動的結果。換句話說，下一次轉到紅色格的機率是18/38，和前面連續5次轉出紅色格的條件下、轉出紅色格的機率一模一樣。擲骰子亦同：擲一對骰子擲出點數和為7的機率是1/6，和在已知前面3次擲出7點的條件下、再擲出7點的機率相同。所以，每一局都是獨立事件，過去的結果不會影響未來的局面。

但過去的局對二十一點大有影響。在第一張拿到的牌是A的條件下，從一堆牌裡拿到兩張A的機率並非（4/52×4/52），而是（4/52×3/51），指在第一張抽出的牌是A的情況下，再抽出一張A的條件機率。以此類推，在到目前為止已經抽出三十張牌、且僅有兩張是人頭牌的條件下，從一堆牌裡抽出一張人頭牌的機率不是12/52，而是更高的10/22。條件機

率會根據牌堆剩下的牌而改變，此一事實是玩二十一點時各種算牌策略的基礎。玩家會計算每一種牌面已經發出多少張，當勝率有利於己（偶爾才會出現，而且差異很小），就會提高賭注。

我運用這些算牌策略在大西洋城（Atlantic City）賭場贏了錢，甚至考慮做一個特殊設計的手環，方便我算牌。但後來我決定不要，因為除非資本雄厚，不然的話，贏錢的速度太慢，不值得花這麼多時間與心思鑽研。

而貝氏定理很有趣地解釋了條件機率的概念。最早提出這套定理的，是18世紀的湯瑪士・貝葉斯（Thomas Bayes）。以下有一個讓人意想不到的結論，對於藥物試驗或愛滋病檢測而言意義重大，其根據便是貝氏理論。

假設一種癌症檢測的正確率為98％，這是指，如果一個人罹患癌症，接受此檢測有98％的時候會得出陽性結果。要是一個人並未罹癌，接受檢驗有98％時候結果為陰性。接著，進一步假設有0.5％的人（200人中有1人）確實罹癌。現在，如果你去做了檢驗，而醫師嚴正告知你檢驗結果為陽性。我的問

題是：你應該有多難過？答案很讓人意外：你應該謹慎樂觀。為了解釋理由，且讓我們來看，在你的檢驗結果為陽性的條件下，你確實罹癌的機率。

假設有1萬人做了癌症檢驗，在這當中有多少人的結果為陽性？平均來說，在這1萬人中有50人（1萬人的0.5％）真的罹癌，由於他們的檢驗結果有98％都是陽性，我們會得到49個陽性結果。另外有9,950個未罹癌的人，他們當中有2％的人，檢驗結果為陽性，得到陽性結果的總數為199（9,950×0.02＝199）。因此，檢驗結果為陽性的總共有248人（199＋49＝248），多數人（199）都是偽陽性。在檢驗結果為陽性的條件下，真正罹癌的機率為49/248，答案為約20％！（根據假設，在一個人罹癌的條件下，檢驗結果為陽性的機率為98％。兩相比較，檢驗結果為陽性的條件下，真正罹癌的機率相對為低。）

我們假設準確率達98％的檢驗，竟然得出這個意外數值！如此一來，立法者想要制定強制或廣泛的藥物、愛滋病或其他檢測時，應該停下來思考一下。很多檢驗都沒這麼可靠，舉例來說，《華爾街日報》近期刊出一篇文章，指稱知名的子宮頸癌抹片檢查準

確率僅75%。而測謊更是嚴重失準，但從上述方法算出來的數值可以證明，為什麼誠實的人比說謊的人更容易被判定為說謊。把測謊結果為陽性的人汙名化（尤其多數人很可能是偽陽性），根本於事無補，還大錯特錯。

靈數命理學，真的假的？

就算不準確，也不會像醫學篩檢這麼讓人不安的靈數命理學，是我最後要談的一種偽科學，也是我的最愛。靈數命理學由來已久，在許多古代與中世紀社會都很常見，指每個字母都有對應的數字，將字彙或片語中的每個字母數字加總後，會產生一組數值，並據此來判讀意義。

以希伯來語的「ahavah」（意為「愛」）這個字來說，字母換算出的數值加總是13，和「ehad」（意為「一」）算出來的靈數相同。因為「一」是「一神」的簡稱，而「ahavah」和「ehad」兩個字的靈數相同，很多人認為這是有意義的。還有，這兩個字的靈數總和為26，和神的聖名「Yahweh」相同，許多

人也認為極具涵義。

26這個數值也很重要，理由如下：《創世紀》第1章第26節，神說：我們要照著我們的形象、按著我們的樣式造人。還有，亞當和摩西相隔26代。以及，「Adam」（亞當）的靈數為45、「Eve」（夏娃）的靈數為19，兩者相差26。

除了用希伯來字母代碼（gematria），從事靈數命理學的猶太教拉比和神祕哲學家，也使用各式各樣的系統。有時候會把數值降值10倍，把10當成1、20當成2，以此類推。例如，「Yahweh」第一個字母的數值為10，但必要時，也可以是1。這樣一來，「Yahweh」的靈數就是17，和「tou」（意為「好」）一樣。有時候，他們會使用字母數值的平方值，在這種情況下，「Yahweh」的靈數就是186，和「Maqom」（意為「地方」）一樣，後者是另一種指稱上帝的說法。

希臘人也有一套靈數命理學，稱為「isopsephia」，古時候受到了畢達哥拉斯及其學派的數字密碼論影響，後來基督教的出現也有推波助瀾的效果。在這套系統下，希臘文的「Theos」（意為「神」）靈

數為284，就和代表「神聖」和「美好」的希臘單字一樣。希臘字母以A為始、Ω為終，兩者的靈數都是801，和「peristera」（意為「鴿子」）相同，這被視為基督教三位一體信仰的神祕確證。希臘的諾斯底主義者（Gnostics）指出，用希臘文寫的「尼羅河」靈數為365，代表了這條河年年氾濫的特質。

基督教神祕主義花了很多精神去破解666這個數字。聖徒約翰說，這個數字是末日怪獸的名稱，是反基督。但，他們沒有講明各個字母的數值是多少，因此不太清楚這個數字代表的惡魔是誰。第一個迫害基督徒的羅馬皇帝名為「尼祿」（Nero），用希伯來文寫的話，靈數是666，而希臘文的「拉丁人」一詞靈數也是666。數字常被用來支持意識型態：16世紀一位天主教作家寫了一本書，主旨是馬丁·路德是反基督，因為他的名字在拉丁文系統裡的靈數是666。路德的信徒很快反擊，他們說教宗三重冠冕上的字樣是「Vicarius Filii Dei」（意為上帝之子的代理人）。如果用羅馬數字對應字母，就會得出靈數666。更近期，極右基本教義派指出，雷根總統的英文全名「Ronald Wilson Reagan」，每個字都有6個字母。

穆斯林靈數命理學裡也有類似的例子。不管是猶太教、希臘宗教、基督教還是伊斯蘭教，這類數字分析，不僅能以莫測高深的方式確立教義，也可用於預言、解夢和數字占卜等等。正統宗教的神職人員通常很否定這種操作，但一般信眾之間很流行。

即便時至今日，這些靈數命理迷信也還未完全消失。我曾在《紐約時報》，為喬治・伊弗拉（Georges Ifrah）的《從一到零》（*From One to Zero*）寫過一篇書評，提到要用完全中立的態度來看待666、馬丁・路德和三重冠冕（而上述不少內容，也取材自該書）。我收到6封反猶太的瘋狂來信，有些人還說我是反基督。而幾年前，寶僑也發生類似問題，而且更加嚴重：公司遭人從數字和符號的象徵意義，來解讀商標（按：寶僑的舊商標「星月商標」由13顆星星和一個半月型人臉組成。先是有流言稱月亮臉鬍鬚男的鬍鬚中，隱藏著象徵末日怪獸的數字「666」，並指上面的13顆星星是在嘲弄《聖經》中的神聖場景）。

靈數命理學，尤其是用在預言與占卜，從許多方面來說就是典型的偽科學。畢竟，憑空生出一套公式把過去發生的事完全套進去，是很容易的事。因此，

幾乎不可能用驗證方法，指稱靈數命理學的預言和主張不成立。靈數命理學以數字為基礎，而且信奉這一套的人不需要擔負驗證或檢驗責任，要多複雜就可以多複雜，要怎樣天馬行空創造發想都可以。而靈數命理學提到的數值意義，通常都只是為了證明某些既存的教義為真，極少、甚至完全沒有花心力提出反證。可是，各種語言的「神」的靈數，一定也會和某些否定教義的用語、瀆神，或搞笑詞彙的靈數相同（我就不舉例了）。就如同其他偽科學，靈數命理學也很古老，也因為和宗教有關聯而獲得一些崇敬。

　　然而，如果我們剝除這個主題裡的所有迷信元素，剩下的東西會少到讓人訝異。其特質非常純粹（只有數字和字母），就如同白紙一般由人各自解讀（就像羅夏墨跡測試），並提供很大的空間，讓人看到想看到的，連結到想要連結的。或者，因為靈數命理學中的數字和字母對照關係，它至少可作為一套豐富工具，幫助人們更有效地記憶事物。

日常邏輯迷思，無所不在

　　無論從理論還是一般人心裡出發，數字和邏輯都錯綜複雜、密不可分。如此一來，指邏輯謬誤是一種數盲，應該並不過分。事實上，本章通篇已經隱含了這個假設。且讓我用幾個不當推論來結束本章，這些範例進一步指出數盲（表面上看來合理，但其實充滿邏輯謬誤）在偽科學裡扮演的角色。

　　搞混條件敘述很常見，像是認為「若A則B」與「若B則A」是一樣的。另一個比較不常見的謬誤版本是，假如X能治好Y，那麼，少了X就會引發Y。例如，如果多巴胺藥物可以減緩帕金森氏症的顫抖，那麼，缺少多巴胺就是引發顫抖的原因。要是某種藥物可以緩解思覺失調症狀，那麼，過度用藥必定會造成思覺失調。話說回來，人在自己熟悉的情境下比較不會犯這類錯誤，不太有人認為因為阿斯匹靈可以治頭痛，就代表血液裡沒有阿斯匹靈就一定會引發頭痛。

　　知名實驗家范・杜霍茲（Van Dumholtz）收集到一罐跳蚤，他小心地夾出一隻跳蚤，慢慢地拉掉跳

蚤的兩隻後腳，然後大聲命令跳蚤跳。他發現這隻跳蚤不動，然後用同樣的方法處理其他跳蚤。等他做完實驗後整理出統計數據，杜霍茲信心十足地指出：跳蚤的耳朵在後腿。聽來或許很荒謬，但如果把他提出的解釋稍作變化，並放進比較不明確的脈絡裡，可能會對本來就很容易先入為主的人，造成很大影響。前文的跳蚤耳朵位置說法，難道會比有人相信某個女子可以和高齡 3 萬 5,000 歲的男子通靈、讓他上身更荒誕嗎？難道會比有人說因為旁觀者不誠心、以至於阻礙了超自然現象發生更荒唐嗎？

再看看以下似乎無懈可擊的邏輯，有什麼問題？我們都知道 100 公分＝ 1 公尺，因此，25 公分＝ 1/4 公尺。由於 25 開根號是 5，1/4 開根號是 1/2，我們可以得出結論 5 公分＝ 1/2 公尺！

反駁某事物不存在的說法通常很困難，而這樣的難處又常被誤當成該說法成立的證據。比方說，前電視福音傳道人兼美國總統參選人派特‧羅伯森（Pat Robertson）主張，他無法證明古巴沒有蘇聯的飛彈基地，所以說，很可能是有的。當然，他是對的，但我也無法證明大腳怪並未在哈瓦那外擁有一小片土

地。推動新時代運動的人，主張各式各樣事物存在：
超感知覺存在、憑意志力折彎湯匙的情況存在、到處
都有靈魂、外星人就在我們當中，凡此種種。時不時
都會有人拿這類稀奇古怪的主張給我看，我只能一直
複述：無法肯定地駁斥這些主張，並不是支持這些主
張的證據。這讓我覺得自己像是錯跑到人人酩酊大醉
的狂歡會上，正襟危坐的禁酒者。

我還可以引用更多範例，來說明各種簡單的邏輯
錯誤，但重點已然明確：數盲和缺乏邏輯都是讓偽科
學壯大的沃土。為何這兩件事如此普遍，則是下一章
的主題。

4

為何受過良好教育的人，
會變成數盲？

很多人可以理解對話中微妙的情緒變化、明白
文學中最難領會的情節，但就是無法掌握數學
證明中最基本的要領。

最近在市郊的速食店裡發生了一件事：我叫了漢堡、薯條和一杯可樂，總共2.01美元。結帳的人在此地工作已經有幾個月了，還是笨手笨腳地處理6%的營業稅，查閱收銀台旁的表，要找2.01減0.12這一欄。為了協助處理數盲的問題，大型連鎖店現在的收銀台按鍵上都有點餐品項的圖片，自動加總正確的稅金。

研究指出，女性決定要讀哪一間政治研究所的最重要單一因素，是這個系所是否必修數學或統計。

當我聽見博學的天文學家在演講廳裡贏得滿堂彩，我馬上感到疲乏、噁心。
　　　　——詩人華特·惠特曼（Walt Whitman）

數盲與他們的產地

　　即便是在其他方面受過良好教育的人，也常常變成數盲，這是為何？簡化的理由，是教育品質低下、心理障礙，和對於數學的本質抱持著不切實際的誤解。我本人則是證明有規則必有例外的範例。就我記得，我早在10歲時就想成為數學家。那時，我算出密爾瓦基勇士隊（Milwaukee Braves）救援投手的防禦率（earned run average，簡稱ERA）是135。（寫給棒球迷：此人讓5名打者上壘得分，只淘汰1名打者。）看到這麼差的防禦率讓我很訝異，我羞怯地跟老師報告，老師要我對班上同學好好說明一番。我很害羞，漲紅著臉，用顫抖的聲音報告。等我講完，老師說我錯了，請我坐下。他帶著權威聲稱，防禦率不可能高過27。

　　那年球季結束時，《密爾瓦基日報》（*The Milwaukee Journal*）登出所有大聯盟球員的數據，那名投手之後就沒再上場了，他的防禦率是135，跟我算的答案一樣。我還記得，當時我就認為數學是一種全能的保護裝置。你可以用數學向別人證明一件事，不

管他們喜不喜歡你，都得相信你。我決定帶那篇報導給老師看（對於遭到羞辱，我還是耿耿於懷）。他嫌惡地看了我一眼，又叫我坐下。他所謂的良好教育，顯然是要確定每一個人都乖乖坐好。

雖然大多數的老師不像我這位老師這麼嚴厲，但早期的數學教育普遍很糟，小學大致教的就是加減乘除，以及計算分數、小數和比例的基本算術。遺憾的是，老師在教加減乘除、將分數化為小數或百分比時，並沒有做好這份工作。算術問題也很少整合到其他作業裡，比方說計算有多少、多遠、多老或多少個。大一點的學生討厭應用問題，部分原因是在初階時，沒有人要他們去找這些量化問題的答案。

雖然很少有學生小學畢業後還不懂乘法表，但有很多人確實不會算，如果一個人開車的速度是每小時56公里，開了4小時之後，他就開了224公里。要是每公克花生賣40美分，而1袋花生賣2.2美元，那麼，這袋花生裡就有5.5公克花生。假如全世界人口中有1/4是中國人，其餘的1/5是印度人，那麼，印度人在全世界的人口中就占了3/20，或說是15％。當然，要理解這些問題，並不像學會算35×4＝

140、（2.2）/（0.4）＝5.5、1/5×（1−1/4）＝3/20＝0.15＝15％這麼簡單。對很多小學生來說，這不是自然而然就會的東西，要靠做很多很實用、或是純屬想像的問題，才能進一步學會。

至於估計，學校裡除了教一些四捨五入之外，通常也沒有別的了。四捨五入和合理的估計與真實人生大有關係，但課堂上很少串起這樣的連結。學校不會帶著小學生估計學校砌一面牆要用掉多少塊磚、班上跑最快的人速度多快、班上同學爸爸是禿頭的比例多高、一個人的頭圍與身高之比是多少、要堆出一座高度和帝國大廈等高的塔需要幾枚5美分硬幣，還有他們的教室能否容納這些5美分硬幣。

幾乎也沒人教歸納推理，也不會用猜測相關性質和規則的角度，來研究數學現象。在小學數學課裡談到非形式邏輯（informal logic）的機率，就跟講到冰島傳說一樣高。當然，也不會有人提到難題、遊戲和謎語。我相信，這是因為很多時候，聰明的10歲小孩輕輕鬆鬆就能打敗老師。數學科普作家葛登能最不遺餘力探索數學和這些遊戲之間的密切關係。他寫了很多極有吸引力的書，也在《科學美國人》撰寫專

欄，而這些都是會讓高中生或大學生感到很刺激的課外讀物（前提是有人指定他們去讀的話）。此外，數學家喬治・波利亞（George Polya）的《怎樣解題》（*How to Solve It*）和《數學與合情判讀》（*Mathematics and Plausible Reasoning*），或許也屬於這一類。有一本帶有這些人的文風、但屬於較初階的有趣好書，是瑪瑞琳・伯恩斯（Marilyn Burns）所寫的《我恨數學》（*The I Hate Mathematics! Book*），書裡有很多啟發性的提示，帶領讀者解題與發想各種奇思異想，是小學數學課本裡罕見的內容。

有太多教科書仍列出太多人名和術語，就算有說明解析，也很少。比方說，教科書上會說加法是一種結合律運算（associative operation），因為（a + b）+ c ＝ a +（b + c）。但很少人會提到非結合律運算，因此，充其量來說，結合律運算的定義是畫蛇添足。不管是結合律或非結合律，你知道了這些資訊之後要怎麼應用？書上還會介紹到其他術語，但除了用粗體字印在書頁中間的小框框裡，看起來很了不起之外，也沒什麼值得提的理由。這些術語滿足了很多人認為，知識就好比一門普通植物學，每種學問都可以在

體系中，找到自己的類別和位置。相比之下，把數學當成有用的工具、思維方式或是獲得樂趣的途徑，在多數小學教育課綱中都是很陌生的概念（即使教科書內容不錯也一樣）。

　　或許有人會認為，在小學階段，可以用電腦軟體，來幫助學生掌握基本的算數原理及相關應用（應用題、估計等等）。可惜的是，目前可用的程式通常是從教科書上擷取無趣的例行練習，轉化成電腦螢幕版本而已。我不知道有任何軟體可用整合、一致且有效的方法，來教算術與解題應用。

　　小學階段的數學教學品質普遍不佳，最終必會有人怪罪於老師能力不足，而且對數學沒什麼興趣、或不懂欣賞數學。我認為，這當中有一部分又要歸咎於大專院校的師資培養課程中，很少或根本不強調數學。以我自己的教學經驗來說，我教過的學生中，表現最差的是中學生，而不是大學主修數學的學生。準小學老師的數學背景也很糟，很多時候甚至根本沒有相關的數學教學經歷。

　　而每所小學聘用一、兩位數學專才，在學校裡每天分別到不同班級輔導（或教授）數學，或許可以解

決部分問題。有時我認為，如果大學數學教授和小學老師每年可以交換個幾星期，會是個好方法。同樣的，把主修數學的大學生和研究生交到小學老師手裡，不會造成傷害（事實上，後者或許能從前者身上學到一些東西）。而三、四、五年級的小學生則可以在完全適任的老師教導下，接觸到數學謎題與遊戲，將可大大獲益。

　　稍微打個岔，謎題與數學之間很有關係，而且相關性會一直延續到大學與研究階段的數學。當然，把謎題換成幽默也通。我在《數學與幽默》（*Mathematics and Humor*）書中試著說明，數學和幽默都是某種益智遊戲，與猜謎、解題、遊戲和悖論多有共通之處。

　　數學和幽默都是把概念組合、拆開再拼回來，然後從中得到樂趣。慣用的手法包括並列、歸納、迭代和倒向（比方說「aixelsyd」就是把「dyslexia」〔閱讀障礙〕的字序倒過來）。那麼，如果我放寬這個條件，但緊縮另一個條件會怎樣？某一個領域的概念（像是綁辮子），和另一個看來完全不同領域的概念（如某些幾何圖形的對稱性）有什麼共通點？當然，

即便不是數盲，可能也不熟悉數學這個面向，因為你必須要先具備一定程度的數學概念，才可以拿來耍弄。其他像獨創性、不協調感以及精簡的表達，對於數學和幽默來說也都同樣重要。

可能有人說過，因為所受訓練之故，數學家有一種特殊的幽默感。他們往往會接受字面意義，但字面上的解讀又常和標準用法的意義不同，因此很好笑。比方說，哪種運動比賽時要蓋臉？答案是，冰上曲棍球以及瘋瘋病人拳擊（按：原文「Which two sports have face-offs」，「face-off」其中一個字面意義為「蓋臉」，而這也是冰上曲棍球常用的術語，意指「爭奪球權」）。他們也很沉溺於歸謬法（reductio ad absurdum），或設定極端前提條件然後做邏輯演練，以及各式各樣的字組遊戲。

如果可以透過小學、中學或大學階段的正式數學教育，或是非正式的數學科普書籍，傳達數學有趣的面向。我認為，數盲就不會像現在這麼普遍。

數學如果這樣教，就好了

　　學生讀到高中後，老師適不適任就更加重要。數學上極有天分的人很少，這些人很多都投身於電腦產業、投資銀行或是相關行業。我認為，僅有提供高額的薪資獎金給適任的中學數學老師，才能阻止中學的數學教育繼續惡化下去。到了中學數學課裡，與其列出琳瑯滿目的內容，不如讓學生精通相關的數學更重要。因此，讓退休的工程師和其他科學專業人士有資格教數學，或許大有幫助。事實上，很多時候，我們並沒有把數學文化的基本要素傳達給學生。1579年時，法國數學家弗朗索瓦·韋達（François Viète）就開始用代數變數（例如X、Y、Z等等），來代表未知數。這個概念很簡單，但很多現代高中生仍不理解這套四百年前的推理方法：假設未知數是X，找到一條X滿足的等式，然後求解以找到未知數的值。

　　就算已經用適當的符號來代表未知數，也寫出了相關等式，但太常見的情況是，很多人也不知道求出答案必須做哪些運算。每次看到念完高中代數，卻在大一微積分課考卷上寫 $(X + Y)^2 = X^2 + Y^2$ 的學

生，我都希望我可以給他5美元獎勵他的辛苦。

在韋達使用代數變數約五十年後，笛卡兒發明了一種方法，用有序成對的實數把平面上的點連起來。透過這些連結，就可以用幾何曲線來找出代數等式。而孕育出這項重要洞見的主題叫解析幾何（analytic geometry），在理解微積分時是很重要的概念，但高中教出來的學生畫不出直線或拋物線。

就連起源於希臘、有兩千五百年歷史的公理化幾何學（axiomatic geometry），中學也沒有好好教這個主題。而公理化幾何學指的是，以不證自明的公理作為前提，然後透過邏輯推導就可得出其他定理。有一本高中幾何課程最常用的教科書裡，用了超過百項公理來證明差不多數量的定理！但用上這麼多公理，所有的定理都只需要三、四個步驟就可以證明，過程流於表面，沒有任何深度。

高中學生需要對代數、幾何和解析幾何有一定的理解。此外，也應該接觸有限數學（finite mathematics）中的主要概念。例如：組合數學（combinatorics）研究計算物體排列組合的各種方法；圖論（graph theory）研究線條和頂點的網絡以及可以用

這些網絡模擬哪些現象；賽局理論是用數學分析各式各樣的賽局。還有，特別要講的就是機率。這些都是愈來愈重要的主題。事實上，某些高中開始改教微積分，但如果這會排擠上述這些有限數學主題，以我來看便是走錯了路。（我這裡寫的是理想的高中課程設計。近期美國教育測驗服務社〔Educational Testing Service〕，管理的數學成績單〔Mathematics Report Card〕指出，美國大部分高中生都很勉強才能解出，我在前幾頁講到的初階問題。）

高中是最適合去影響學生的時期，等到他們進了大學，對很多人來說就太遲了，這些人根本不具備該有的代數和解析幾何基礎。就算是具備一定程度的數學知識的中學生，也不見得明白其他科目正變得愈來愈「數學化」。所以，他們進了大學之後，修習的數學也是少之又少。

女性尤其會想盡辦法，避開必修數學或統計的化學或經濟學課程，導致最後只能進入較低薪的領域。我看到太多聰明的女性進入社會學領域，太多蠢笨的男性進入商學領域。唯一的差別是，這些男性想辦法勉強修完幾門大學的數學課程。

大學主修數學的學生，一旦修過基本的微分方程式、高等微積分、抽象代數、線性代數、拓樸學、邏輯、機率與統計、實變函數與複變函數等等，就可以有很多選項，不僅可以進入數學和電腦科學領域，也可以涉獵愈來愈多會用到數學的專業。公司招募人才時，即便職務和數學無關，通常也會鼓勵主修數學的人應徵，因為他們知道不管任何職位，分析能力都很有用。

　　繼續從事研究的數學系學生會發現，研究所階段的數學教育是最棒的數學教育，初階數學教育根本不能相提並論。遺憾的是，對多數人來說，此時都太遲了。初階數學教育無法涵蓋到這些卓越的研究，主要是因為美國數學家只會接觸到一小群會讀研究報告的專業人士，無法更普及到一般群眾。

　　除了某些教科書的作者之外，只有一小群數學科普作家擁有超過千人的讀者群。事實如此令人沮喪，也難怪大部分受過教育的人，會不敢承認自己完全沒聽過莎士比亞、但丁或歌德等人的名號，卻肯公開招認自己沒聽過高斯、尤拉（Euler）和拉普拉斯（Laplace）等同樣響叮噹的人物，差別只在於後面

這一群屬於數學領域。（牛頓不算，因為他比較有名的是對物理學的貢獻，而不是發明了微積分。）

即便到了研究所或之後的研究階段，也還看得到不妙的徵兆。美國有很多外國學生來念數學研究所，但美國大學生很少主修數學，很多學校裡的美國研究生甚至變成少數。事實上，在1986年到1987年間，美國大學頒授的739個數學博士學位中，僅有362個是授予美國公民，還差一點點才達半數。

如果數學很重要（也確實如此），那麼，數學教育也同樣重要。不願紆尊降貴向一般人溝通自己研究主題的數學家，有點像不願意拿出一分一毫做慈善的億萬富翁。考慮到很多數學家的薪資相對低，如果億萬富翁能贊助數學家寫數學科普書籍給一般人看，就可以同時解決兩邊的難題了。（這只是一個想法。）

至於，數學家為何不寫一般人看得懂的數學科普書，常有人提的理由之一，是數學家的工作本質上很深奧。這當然有影響，不過，葛登能、侯世達和史慕揚這三人顯然是反例。事實上，本書中討論到的某些概念甚為複雜，但是要理解這些概念，只需要最基本的數學能力就可以了：只要會一點算數，並能理解分

數、小數和比例就夠了。不管是哪一個領域，基本上都可以用有趣又真確的方式來說明，不需要賣弄大量術語。但很少有人這麼做，因為多數傳道人（數學家也包括在內）都傾向於躲在修道院的城牆後，只和同為傳道者的人交流。

簡而言之，數盲和多數人受到的數學教育品質不佳，有很密切的關係。這很讓人傷心，但也不是事情的全貌，因為有很多沒受過多少正統學校教育的人，也具備很高的數學素養。以數學來說，比數學教育效果不彰或不足更讓人氣餒的，是心理因素。

抗拒心態助長了數盲，更糟的是……

數學「不帶感情色彩」的客觀本質，是許多人不喜歡數學的重要心理因素之一。有些人對事情會有過度個人化的解讀，排斥客觀的全局思維。但數字和公正客觀的世界觀息息相關，所以可以說，這種抗拒心態助長了數盲，而且幾乎可說是自願的。

當人把視野從自己、朋友和家人身上轉移，開始關注更廣闊的世界，自然會遇到「數感問題」。例

如，多少？多久以前？多遠？多快？兩者之間有何關聯？哪個比較有可能？要如何將手上的專案，搭上在地、全國與國際的發展趨勢？怎樣從歷史、生物學、地質學以及天文學的視角，來思考個人計畫？

太以自己的人生為中心的人，會覺得這些問題令人不悅，甚至覺得被冒犯。對這些人來說，數字和「科學」只有與自己相關時，才有吸引力。所以他們常會受到新時代運動的各種想法所吸引，比方說塔羅牌、《易經》、占星術和生物節律，這些東西給了他們量身打造的說法。而這些人幾乎不會對數字或科學事實本身感興趣，也不會因為這些事實很有趣、或很美好就感興趣。

「有數盲問題」看起來和人們真正的煩惱和憂慮（如金錢、性愛、家庭、朋友）不太相干。但其實，「對數學無知」會透過多種不同方式，直接影響這些面向（也會影響每一個人）。舉例來說，某個夏夜，你走在度假勝地的熱鬧街道上，看到人們開開心心地挽著手、吃著冰淇淋、歡笑著，你很容易就會開始覺得別人更開心、比較相愛、富有生產力，因而湧起不必要的沮喪心情。

然而，這些景象純粹是因為人們在這些場合中，會展現更好的一面，難過時則多半會躲起來「隱形不見」。我們應記住，別人展現的多是篩選過的一面。我們看到的人和他們的神情狀態，不是隨機呈現的。因此，偶爾思考一下，在你遇見的人當中，有多少人正在承受某種疾病或不安的折磨，會有好處。

　　人們有時會不自覺地把一個群體，誤認為某個理想化的個人。尤其是看到各式才華、各種魅力風情，還有展示出的大量財富、優雅氣質與出眾外表，就會這樣誤解。但很明顯，這些理想條件是分散在一個大群體中的不同人身上。一個人不管多出色、多富有或多有吸引力，一定也有嚴重的缺點。一個太過關注自己的人，很難明白這一點，從而引發沮喪，淪為數盲。

　　我認為，有太多人用「為什麼是我」的態度來看待人生的不幸。但你不需要是數學家也能明白，要是大部分的人都這麼想，那一定是統計上出了錯。這就好像數學素養不佳的高中校長，抱怨本校多數學生的學測成績都低於中位數。如果壞事時不時就出現，壞事總是會發生在某些人身上，那為什麼不是你？

反常、均值回歸與人性

　　廣義來說，研究過濾機制和研究心理學沒什麼兩樣。哪些印象會在過濾機制中被淘汰、哪些又會留下來，這些運作結果大致決定了一個人的個性。從比較狹義的觀點來說，過濾機制會讓人記住印象深刻的個人化事件，因此會高估這些事件發生的機率。所謂的珍娜・狄克森效應便常用來為假醫療行為、飲食控制法、博弈、靈學和偽科學主張撐腰。除非一個人本能地察覺到這些助長數盲的心理傾向，不然很容易放任這些傾向扭曲我們的判斷。

　　我們之前提過，要抗拒這樣的傾向，就要直接檢視數字，並提出參照依據。請記住，我們之所以常看到罕見的事件，是因為這類事件會贏得報導與關注。新聞媒體沸沸揚揚報導恐怖分子綁架行動和氰化物中毒，過分著墨心煩意亂的家屬。然而，每年有超過30萬名美國人死於菸害，大約相當於一年內每天有3架滿載的大型客機相撞。此外，染上愛滋病當然是悲劇，但從全球來說，與比較常見的疾病（例如瘧疾）相比之下，得愛滋病的人根本少之又少。而酗酒在美

國每年直接造成8萬到10萬人死亡，也是間接導致另外10萬人死亡的重要因素，不管用哪一種衡量標準來看，社會成本都高於藥物濫用。要再舉其他例子不難（像飢荒、甚至種族滅絕行動，都絕少有人報導）。重點是，我們要時時提醒自己這些事情確實存在，不要受到媒體鋪天蓋地的報導影響，喪失識讀能力。

如果一個人不去管平凡、不帶感情色彩的事件，多半就只會在乎讓人訝異的奇特反常與巧合事件。如此一來，他的心智就會開始像超市的小報頭條標題一樣。

但即便觀點不狹隘、而且對於數字仍有一定理解的人，也會發現到巧合事件愈來愈多，主要原因是人為規範愈來愈多，而且愈來愈複雜。當遠古的人注意到環境中相對少數的自然巧合，他們會慢慢累積原始觀察資料，並從中發展出科學。自然世界裡沒有行事曆，沒有地圖、指引，甚至也沒有名稱，因此沒有直接證據來證明這類表面的巧合。但現代的複雜世界裡有太多姓名、日期、地址和機構，觸動很多人的天生本能，注意到出現了巧合，和發生了極不可能發生的

事，讓他們揣想是否存在某種連結和不可知的力量。但事實上並沒有，一切不過是剛好罷了。

正因為人天生傾向於忽略平凡、且與自身無關的事，加上這個世界愈來愈讓人費心，還有就像是前述幾個範例告訴我們的，很多巧合發生的頻率本來就高到讓人意外，才使得處處可見巧合。如果我們不提醒自己這一點，就會因為人類希望找到意義和模式的天性而走偏了。相信巧合有其必要性、或者暗藏玄機，是過去人類心智比較簡單時留下來的痕跡，這也造成了一種心理錯覺，在數盲身上特別明顯。

人們對於某些純屬巧合的現象強加意義，是很普遍的傾向。「均值回歸」是很好的範例：隨機出現的數值會密集出現在平均值附近，因此，出現極端值之後，接著常常會出現比較接近平均數、或者說均值的數值。我們預期非常聰明的人也會生出聰明的後代，但一般來說，兒女輩常不如父母輩聰明。矮小的雙親生出的子女，也會出現類似的均值回歸傾向。這些孩子很可能也很矮小，但不會像父母輩這麼矮。如果我擲20支飛鏢有18支都可以正中紅心，下次我同樣也丟20支飛鏢，命中率可能就沒這麼高。

人如果用特定科學定律來解釋均值回歸，而不是當成隨機變數的自然表現，就顯得無意義。畢竟，如果新手飛行員某一次降落得很漂亮，下一次很可能就沒這麼讓人嘆服。同樣的，要是這次降落得磕磕碰碰，那麼從機率的角度來看，下一次他會表現得更好。心理學家特沃斯基和康納曼研究這種情況，發現降落得很好時，飛行員會受到稱讚，很顛簸時會遭到斥責。飛行教官誤以為是稱讚害飛行員洋洋得意，所以他們才退步，因為斥責讓飛行員虛心受教才進步。但其實都只不過是回歸比較平均水準的表現而已。這種現象經常發生，特沃斯基和康納曼寫道：「懲罰之後最有可能進步，獎勵之後最有可能退步。因此，人面對的情況是……最常因為處罰他人而得到（對方進步的）獎賞，由於獎勵他人而遭受（對方退步的）懲罰。」我希望，這不會是人類的通性。但願導致這種不幸傾向的，只是一種可以矯正的數盲。

偉大電影的續集通常不如第一集這麼好，其中緣由可能不是因為，貪婪的電影從業人員想憑著第一集的熱度撈錢，而是因為這是另一種均值回歸的範例。輝煌時期的棒球員在某一個球季表現出色，下一次很

可能就沒這麼棒。還有，作家繼暢銷作後推出的小說、創下閃亮銷售紀錄之後上市的專輯，或是傳說中的第二年表現不如前一年的「二年級生症候群」（sophomore jinx），可能都是同樣的狀況。均值回歸是很普遍的現象，範例俯拾即是。但我們在第2章也提過，「賭徒謬誤」和「均值回歸」兩種現象表面上非常相似，必須審慎區分。

另一方面，機率波動在股市、或一般市場裡的價格變動中影響力很大，短期尤其明顯。但一檔個股的股價走勢並非完全隨機漫步，不一定能由完全與過去無關的上漲機率（假設為P）和下跌機率（為1–P）來描述。因此，用基本面分析來檢視支撐股價背後的經濟因素，仍有一定的道理。由於股價中有一些大略以經濟面為基準的估計值，有時候可以用均值回歸原則，作為反向操作的策略。你可以買進前幾年績效相對低迷的股票，因為這些股票很可能回歸均值、股價上漲，幅度超過那些表現優於基本面的股票。同理，後者很可能也回歸均值、股價下跌。而有些研究支持這套概要式的策略。

小心！你中了機率謬誤嗎？

　　茱蒂33歲，未婚，個性果斷。她大學主修政治學，以優異的成績畢業。而茱蒂在校時就熱衷參與各項社會活動，尤其是反歧視與反核議題。以下何種說法比較有可能成立？

　　（一）茱蒂在銀行擔任出納員。
　　（二）茱蒂在銀行擔任出納員，並且積極參與女性運動。

　　（一）的機率比（二）高，這個答案可能讓某些人很意外。但這是因為，單一說法成立的機率，總是高於兩項說法組成的聯集說法。我丟硬幣得出人頭的機率，高於我丟硬幣得到人頭、而且丟骰子得到6點的機率。如果沒有直接證據或理論支持某一種說法，我們會發現細節和逼真度通常和可能性成反比：某個說法的細節愈是活靈活現，這件事就愈不可能是真的。

　　回來看茱蒂和她在銀行的工作，人們在心理上覺

得比較可能發生的事情，會讓我們把選項二的聯集說法（「茱蒂在銀行擔任出納員，並且積極參與女性運動」），和條件式說法（「在她是銀行出納員的條件下，她很可能也是一名女性主義者」）混為一談。後面這種條件式說法的機率會高於選項一，但這當然不是選項二要表達的意思。

心理學家特沃斯基和康納曼認為，一般人在日常生活中錯用機率判斷，才會覺得（二）比較有可能。人們並沒有把事件分解出所有可能的結果，然後加總具備共同特質的事件機率，而是在心態上使用代表性的情境模式（以這個例子來說，便是以茱蒂這個人為代表），然後和其他模式來比較，以得出結論。對很多人來說，答案（二）會比答案（一）更能代表像茱蒂這樣背景的人。

本書舉了很多反直覺的例子，都和上述的心理詭計很類似，這會引發某種程度的數盲，就連最有數學素養的人也無法倖免。特沃斯基和康納曼寫了一本絕妙好書《不確定狀況下的判斷》（*Judgement under Uncertainty*），裡面描述各種顯然非理性的數盲情況。其中許多都是我們在做重要決策時，會出現的特

點。他們問了一個問題：假設你被優勢敵軍包圍，除非你能從兩條可行的撤退路線擇一逃離，不然你這支600人的隊伍就會被殲滅。你的智囊團說，如果走第一條路，可以拯救200名士兵。假如走第二條路，600人都安全的機率是三分之一，一個都活不了的機率是三分之二。你要選哪一條？

多數人（四分之三）會選第一條，因為這樣至少可以確保救到200人。走第二條的話，則有三分之二的機率會害更多人送命。

到目前為止都沒問題，那我們繼續看下去。同樣的，你是將軍，要從兩條撤退路線擇一。部屬告訴你，選第一條的話，400名士兵會死。選第二條的話，有三分之一機率沒有任何士兵死亡，有三分之二的機率600人全部陣亡。你要選哪一條？

多數人（五分之四）面對這種描述時，會選第二條。理由是第一條會害死400人，但選第二條的話，至少有三分之一的機率讓每個人倖免於死。

當然，這兩個是一模一樣的問題，答案之所以有差，在於呈現問題的方式不同：是用救到的人命來算，還是用會折損的人命來算。

特沃斯基和康納曼舉的另一個例子，是要在「確定可以拿到3萬美元」，或「在有80%的機率拿到4萬美元、與20%的機率什麼都沒有」的情境中二擇一。即便後一個選項的期望值是40,000×0.8＝32,000美元，但多數人都會選擇拿3萬美元。但如果選擇變成「一定會損失3萬美元」，或者「有80%的機率損失4萬美元、但有20%的機率一毛無損」，那會如何？即便後面一項選擇的期望損失為40,000×0.8＝32,000美元，但是多數人會選擇冒著損失4萬美元的風險，以換取避免任何損失的機會。特沃斯基和康納曼總結道，人在尋求獲利時會趨避風險，在避免損失時會選擇冒險。

　　當然，不用靠這麼巧妙的範例，我們也能理解，用不同的方法提出問題或說法，會大大影響一個人的答案。如果你問一般納稅人對於水電費漲6%有何感受，他可能會認命接受。但要是你告訴他水電費調漲會讓政府所得增加9,100萬美元，他可能就不太高興了。或是，說一個人的分數是班上的中間三分之一，會比說他的分數是第37百分位（高於37%的同學）來得好聽。

數學焦慮症，有解嗎？

　　有一種比心理錯覺更常見的數盲原因，是席拉·托碧雅斯（Sheila Tobias）所說的「數學焦慮症」（math anxiety）。她在《克服數學焦慮症》（Overcoming Math Anxiety）這本書裡講到，很多人（尤其是女性）碰到各式各樣的數學時都會很焦慮，甚至連面對算術都會感到不安。這些人可以理解對話中微妙的情緒變化、文學中最難領會的情節，或是法律案件中最錯綜複雜的面向，但就是無法掌握數學證明中最基本的要領。

　　那些人多半沒有數學基礎，也缺乏對數學的基本理解，因此無法更進一步學習與建立數學新知。他們很害怕，還曾經遭受裝腔作勢、且有時帶有性別歧視的老師（這些人可能本身也受過數學焦慮症折磨）威嚇。惡名昭彰的應用問題讓他們嚇壞了，他們深信自己很駑鈍。他們覺得，人有分「有數學頭腦」和「沒有數學頭腦」兩種，前面這種人馬上就會知道答案是什麼，後面這種人只能無助且無望。

　　不意外，這些感覺構成了嚴重的障礙，讓他們無

法培養出數學素養。然而，遭受數學焦慮症折磨的人可以嘗試一些辦法來解決問題。有一種技巧很簡單、且效果奇佳，那就是清楚地把問題講給別人聽，如果對方願意安安靜靜坐下來聽，那代表他可能會花很多時間思考這個問題，也會明白只要付出足夠的時間與心力，就能想出結論。其他技巧包括：舉例時使用小一點的數值；檢視相關但比較簡單的問題，或是有時候相關但通常比較一般性的問題；收集和問題相關的資訊；從答案往回推；畫出圖形與圖示；把要解的問題或部分問題，和已經懂的問題做比較。還有，最重要的是，要盡量研究不同的問題和範例。人透過閱讀學會閱讀、透過寫作學會寫作，這個道理也適用於解數學題（甚至可套用在建構數學證明）。

寫作本書期間，我發現我（可能還有其他數學家）無意之間助長了數盲問題。我很難寫出長篇大論，無論是我受的數學訓練或我天生的特質，都讓我可以輕鬆提取出要點，不會停駐於（我想用的詞是「流連」）旁枝末節、不重要的脈絡或是生平大事的細節上。我認為，結果就要清楚明快地闡述，但這種風格可能會讓希望看到比較慢條斯理論述的人，心生

畏懼。而解決的辦法，是要有不同的人來介紹數學這門學問。數學非常重要，不能只有數學家懂，這句話用來講很多學問也都成立。

腦力倦怠（intellectual lethargy）這種現象和數學焦慮症不同，而且更難化解。這種現象影響的學生人數比較少，但有增加的趨勢，這些人的心裡沒有什麼紀律也沒有動力，他們什麼也不想學。我們可以想辦法讓強迫症的人放鬆下來，或教導苦於數學焦慮症的人減緩恐懼，但面對根本不想要把心力花在智性活動上的學生，那該怎麼辦？比方說，你告訴學生：「答案不是 X 而是 Y，你忘記考慮這個那個了。」學生卻只是雙眼空洞或盯著地板回答：「喔，對喔。」他們的問題比數學焦慮症更嚴重。

有數字，就沒有人性……真的嗎？

對於數學性質不切實際的誤解，會孕育出容許、甚至助長數學教育品質低落的學術環境與社會氛圍，以及痛恨數學科目的心理，這是造成很多數盲的根本原因。哲學家盧梭把英國貶低為「由小商店店主組成

的國家」，由於仍有人相信關注數字和細節，會讓人看不清楚重要問題、忽略更大的格局，這種貶抑一直延續至今。數學常被視為機械性的，是低階技師負責的工作。他們要向我們這些人報告，而我們只需要知道必須了解的事情就好。或者，有時候也有人認為，數學就像是獨裁者一樣，某種程度上專斷地決定了我們的未來。這類態度肯定預告著一個人將邁向數盲之路。且讓我們來檢視一些錯誤的想法。

有人認為數學很冷酷，因為數學處理的是抽象概念，沒有血肉。當然，從某種意義上來說這是真的。就連數學家羅素都肯定純數學之美在於其「冷靜樸實」，一開始吸引數學家的就是這種冷靜樸實之美。數學家大多數都是柏拉圖主義者，可以想像出存在於某個抽象、理想範疇裡的數學物件（mathematical object）。

但，純數學只是數學的一部分。同樣重要的是，現實中如何運用這些理想的柏拉圖形式（或者不管是什麼），以及兩者的交互影響。因此，廣義來看，數學也並不如想像中冷酷。請想一想，就算簡單如「1＋1＝2」的數學，都可能在不假思索之下遭到誤

用：1杯爆米花再加1杯水，最後不會得出2杯濕漉漉的爆米花。不管是簡單還是困難的案例，數學應用都是很微妙的事，就像任何事情一樣，都需要有血有肉、細膩的人性情感來處理。

即便是最純粹最冷靜的數學，做相關研究的人通常也抱持著相當火熱的心。數學家就和其他科學家一樣，會受到各種情緒的驅使，比方說適度的忌妒、自負和競爭心態。數學研究人員耗費大量心力去解決問題，而且欲罷不能，這和他們所做的研究具備純粹的特性大有關係。數學中遍布各式各樣的浪漫想法，在最根本的數學、數論與邏輯等領域上最明顯可見。這種浪漫主義至少可以追溯到神祕的畢達哥拉斯身上，他相信，想要了解世界，祕訣就是去理解數字。數學的浪漫主義也顯現在中世紀的靈數命理學與猶太神祕主義卡巴拉（Cabala）上，並（以非迷信的形式）延續到現代邏輯學家庫爾特·哥德爾（Kurt Gödel），以及其他人的柏拉圖主義上。多數數學家都至少有一小部分這種浪漫感性的傾向，讓認為數學家是冷酷理性主義者的人大為意外。

另一種常見的誤解是，有數字就沒有人性，某種

程度上有損個體性。把複雜的現象簡化成簡單的數字尺規或統計值會讓人憂心，這是理所當然。不管社會科學家怎麼說，但炫麗的數學術語、大量的統計相關性和電腦報表，本身並沒有任何意義。不管是智商還是國民生產毛額，把複雜的智力或經濟化約成單一尺規上的數字，充其量就是一種短視，很多時候更是顯得荒唐可笑。

即便如此，反對在特殊目的下以數字來辨識個人身分（比方說社會安全、信用卡等等），則顯得愚昧。在這些情況下，說起來，數字反而能強化個體性。舉例來說，有很多人有類似的姓名、個人特質或是社經地位，但不會有兩個人擁有同一組信用卡卡號。（我個人喜歡連中間名一起自稱約翰・艾倫・保羅斯〔John Allen Paulos〕，免得有人把和我教宗若望保祿〔John Paul〕搞混了。）

銀行以個人化服務為賣點的廣告，大多讓我啞然失笑。因為那些通常培訓不足、且薪資很低的櫃員跟你道過早安之後，就弄砸你要辦的事。我寧願去找，可以靠代碼辨識出我這個人、並由軟體工程師耗費幾個月心力寫出操作程式的機器。

我會在一種情況下反對使用辨識碼,那就是使用的代碼太長。應用乘法原理,可證明9位數字或是6個字母的序列是很適當的長度,足以區分美國的每一個人(10^9是10億,26^6已經大於3億)。為何百貨公司或市郊的自來水公司認為,有必要用20個或更多符號設定帳號?

寫到數字和個人化之間的關係時,我想起有些公司會用人名來幫星星命名,只要客戶願意支付35美元費用即可。這些公司用官方色彩包裝自己,他們還會把登錄星星名稱的書,拿到美國國會圖書館(Library of Congress)登記。這種公司通常會在情人節前後大做廣告,而從它們的屹立不搖來判斷,其業務想必蓬勃發展。我想到一個相關、且同樣愚蠢的商業點子,是透過「官方認證」,把某個數字分派給任何願意付35美元費用的人。訂購者會收到一張憑證,還有一本向國會圖書館註冊過、上面列有他們的大名以及專屬祕數的書。或者我也可以採取彈性費率制,完全數(perfect number;按:一個正整數除了本身之外,其他因數加起來的總和正好等於此數,比方說6,因為6＝1+2+3)用高價賣出,而質數的價格比非完全

數的合數（composite number；按：除了1和本身之外還有其他因數的數）高一點，諸如此類。我可以靠賣數字致富。

人們對數學的另一種誤解，是認為數學讓人受到制約，某種程度上甚至是反自由。如果他們接受了某些說法，後來發現此種說法會衍生出其他讓人不悅的觀點，他們就把這種不悅的結果和其表達的方式連結在一起。

當然，從這個非常不利的面向來說，數學就像所有的現實狀況一樣，造成很多限制。但數學本身絕對沒有獨斷力量。如果一個人接受了某些前提和定義，就必須接受之後推演出來的東西，但人總是可以拒絕某些前提、重下定義或是使用不同的數學方法。從這種觀點來看，數學不但不會造成限制，反而還會帶來力量，為每一個願意好好使用的人發揮作用。

來看以下這個例子，說明我們如何運用數學又不受數學所限。兩個人拿一連串擲硬幣的結果來賭，他們同意，先贏6次的人可以拿到100美元。然而，這場賽局在擲完8次硬幣之後被打斷，第一個人以5比3領先。現在的問題是：賭金要怎麼分？可能會有人

說第一個人應該得到全部的100美元，因為他們的賭法是贏者全拿，而目前是他領先。也有人認為應該是第一個人拿到5/8，第二個人拿3/8，因為現在的比數是5比3。或者，我們也可以說第一個人會贏的機率是7/8（第二個人必須連贏3次才能贏，他贏的機率是$1/8 = 1/2 \times 1/2 \times 1/2$），因此第一個人應該拿7/8，第二個人拿1/8。（這剛好是帕斯卡的解法，是機率理論裡最早的問題之一。）我們也可以提出理據，主張用其他比例來分配獎金。

這裡的重點是，決定用哪一種方法來分配獎金，無關乎數學。數學可以幫上忙的部分，是根據假設和數值決定結果是什麼，但決定這些假設與數值的是我們人類，而不是某個管數學的天神。

然而，數學經常被視為是沒有靈性的事物。很多人相信，要判定任何數學說法是否為真，就只是機械性地丟進某個演算法或公式裡，最後跑出一個是或否的答案。或者，只要有一組合理的基本公理，每一條數學上的說法都只有可證明或無法證明兩種。在這種觀點下，數學是清楚明確的，只需要熟練必要的演算法和無窮的耐心就能理解。

奧裔美籍邏輯學家哥德爾漂亮地反駁了這些膚淺簡化的假設。他證明，不管多麼精細複雜的數學系統，當中一定都有無法證明、也無法否定的說法。他的論點，加上邏輯學家阿隆佐・邱奇（Alonzo Church）、圖靈和其他人提出的相關結果，深化了我們對於數學以及數學限制的理解。以本書的重點來說，我們只要講到即便在理論上，數學並非機械性也不完整，這就夠了。

誤解數學是機械性的知識和這些抽象考量有關，但通常來說，形式平庸多了。數學常被當成是技師要修習的科目，數學天分也常和機械性的死記硬背、初階的程式設計能力和計算速度混為一談。奇怪的是，很多人會頌揚數學家和科學家是不問世事的怪才，但同時又以同樣的話貶抑這些人。也因此，我們常會看到產業界積極爭取資深的數學、工程和科學方面的人才，但又讓剛畢業的工商管理碩士或會計師管理這些人。

人對數學的偏見還包括，認為學數學不利於人去感受事物的性質與「大格局」。這種話常有人說（比方說本章一開始的惠特曼），但很少有人論證，因此

很難反駁。這和認為分子生物學的專業知識，會讓一個人無法欣賞生命的奧妙與複雜，有異曲同工之妙。太多時候，這種「追求大局」的思維只會使人困惑。而那些發起話題的人，往往偏好曖昧不清、玄虛的表述，而不是明確（甚至片面）的答案。故作含糊有時有其必要，故弄玄虛也從不少見，但我認為這不代表兩者值得追隨。真正的科學和數學上的精準極引人入勝，超越超市八卦小報上刊登的「事實」，也勝過對數學的無知妄想，後者助長了輕信、阻礙懷疑態度，甚至讓人變得駑鈍，以至於無法真正思考。

對數、安全指數與打擊數盲行動

幾年前，超市開始使用每單位價格（比方說每磅或每盎司多少美分等等），給客戶一致的衡量價值標準。如果狗食與蛋糕預拌粉的價格可以齊一化做比較，為何不能設計出某種粗略的「安全指數」，讓人們衡量各種活動、程序與疾病的安全性？我現在說的，有點像是芮氏規模這種指標，媒體可以用作概略的表達風險嚴重性指標。

我提的指標和芮氏規模相似，都是取對數。但是數盲怕死了高中代數課裡的大魔王對數，所以在下文中，我們先離題一下，複習相關的對數知識。數字取對數，就是以10為基底，看需要幾次方才能和這個數字相等。所以，100取對數是2，因為$10^2 = 100$；1,000取對數是3，因為$10^3 = 1,000$；10,000取對數是4，因為$10^4 = 10,000$。如果是10的倍數之間的數字，對數就是兩個最接近的10的次方之間的數，比方說，700取對數是介於100的對數2與1,000的對數3之間，大概是2.8。

安全指數的運作方式如下。假設有一種活動每年造成一定的死亡人數，例如開車：每年有1/5,300的美國人因為車禍死亡。開車的安全指數是5,300取對數，這個數值相當低，只有3.7。更廣泛來說，如果每年會有1/X的人因為某種活動而死亡，該活動的安全指數就是X取對數。因此，安全指數值愈高，這種活動就愈安全。

（一般人和媒體有時候比較有興趣的，是危險性而不是安全性。因此，另一種做法是定義危險指數等於10減去安全指數。危險指數等於10，對應的就是

安全指數為0，代表一定會死。而危險指數如果很低，比方說3，相當於安全指數為7，或者說死亡的機率為$1/10^7$。）

美國疾病管制與預防中心（Centers for Disease Control）指出，據估計，每年美國有30萬人因為吸菸英年早逝，相當於每800個美國人裡，就有一個人會因為吸菸而死於心臟病、肺病與其他疾病。800取對數是2.9，因此，吸菸的安全指數甚至低於開車。我們可以更寫實地來說明這些可預防的死亡人數：每年死於吸菸的人，比整個越戰期間戰死的人還多了7倍。

開車和吸菸的安全指數分別為3.7和2.9，讓我們拿綁架案的安全指數，與這兩個很低的數值相比。據估計，每年被陌生人綁架的美國孩童不到50人，遭綁架的機率為五百萬分之一，得出的安全指數為6.7。請記住，安全指數的數值愈高，風險愈低。安全指數每提高1單位，風險就降低10倍。

這種粗略的對數安全性尺規，好處是能給我們（尤其是給媒體）關於各種活動、疾病和程序風險的數量級（order-of-magnitude；按：科學上的「一個數

量級」通常代表10倍的意思，兩個相鄰的整數差距為10倍）估計值。然而，這可能也會有問題，因為安全指數無法明確把「事件多常發生」和「負面結果出現的可能性」區隔開。某一種活動可能很危險但很罕見，因此死亡人數很少，得出的安全指數就高。舉例來說，很少人因為在兩棟摩天大樓間的高空繩索上玩雜耍而死，但這種活動並不太安全。

因此，有必要稍微調整一下指數，僅考慮比較可能參與活動的人即可。如果每X個參與該項活動的人裡會有1個人因此死亡，那麼，此活動的安全指數就是X取對數。在這個基礎下，摩天大樓間高空繩索雜耍的安全指數很低，只有2（據估計，每100個從事這類讓人嚇破膽特技的人中，就有1個無法順利抵達彼岸）。同樣的，每年玩俄羅斯輪盤（6個槍膛裡有1個有子彈）的安全指數不到1，約為0.8。

安全指數高於6的活動或疾病，相當於每年每百萬人裡會有1個人因此死亡，可視為相當安全。安全指數若低於4，相當於每年每萬人超過1人死亡，應視為需要當心。當然，公開報導中提到數字時通常語焉不詳，但就像香菸盒上印製的警語一樣，民眾終究

會開始意識到這些數字的意義。如果牢記安全指數，就能降低以死亡人數為取向的報導造成的誤導效果。涉及少數人的零星悲劇雖然鮮明清楚，但我們不應因此盲目，看不到有更多平凡無奇的活動涉及的風險更高。

　　且讓我們再來看幾個範例。每星期有 1 萬 2,000 名美國人死於心血管疾病，換算下來每年的死亡率便是 1/380，安全指數為 2.6。（以不抽菸的人來說，心血管疾病的安全指數會高很多，但我們現在看的是概略。）癌症的安全指數稍高一點，為 2.7。有一項落在安全地帶邊緣的活動是騎單車：美國每年的單車事故死亡率為 1/96,000，安全指數是 5（事實上應該稍低一點，因為騎單車的人相對少）。來看比較罕見的例子，據估計，美國每年的閃電事故死亡率為 1/2,000,000，安全指數為 6.3。每年蜂螫事故的死亡率為 1/6,000,000，安全指數為 6.8。

　　安全指數的數值，會隨著時間不同而有所差異。以流感與肺炎來說，1900 年的安全指數約為 2.7，到了 1980 年時約為 3.7。同一期間，以肺結核的死亡風險來說，安全指數從原本的 2.7 提高為 5.8。可以預

料的是，各國之間的狀況也不相同：美國的謀殺安全指數約為4，英國則介於6到7，而大部分地區的瘧疾數量級安全指數都低於美國。核能發電的安全指數較高，燒煤炭的安全指數相對低，兩相比較，可以看出不同經濟體的表現。

安全指數除了方便我們看出相對風險，也強調了每一項活動都有風險的事實。這個指數為一個重要問題提供了粗略答案：風險多高？

無論這種安全指數有哪些價值，我認為，由電視台、新聞雜誌與大報社設立統計監察官職務，會是令人樂見且有效的打擊媒體數盲行動。這位監察官要掃描所有新聞報導，研究當中提到的統計數值，檢視至少以公司內部來說是否一致。同時，以最謹慎的態度，探究未經證明的不可信說法。這樣的角色，有點像是《紐約時報》的威廉・薩菲爾（William Safire）探討詞彙運用的固定專欄，針對當週或當月最糟糕的數盲用語進行討論。當然，這樣的專欄必須寫得生動有趣，這是因為至少還有一小群讀者很在乎用詞的適當性。相較之下，對於性質類似、但通常更重要的數字適當性，在乎的人少之又少。

這些議題並不只是學術上聊聊的話題而已。大眾媒體偏好譁眾取寵的報導，直接引發了極端的政治立場，甚至是偽科學。邊緣型的政治人物和科學家通常比主流型的更有趣，這些人得到更高的曝光率，看上去更具代表性、更加重要，實則言過其實。此外，由於認知常會變成現實，大眾媒體強調異常的傾向，再加上數盲的社會大眾也酷愛極端，很可能造成非常嚴重的後果。

5 /

統計、取捨與人生

人們也一直誤用小學時教的比率概念。一件洋裝價格先「調降」40%，之後再降40%，等於降價64%，而不是80%。

威斯康辛州曾有一位議員反對引進日光節約時間，完全不管所有合情合理的論點。他睿智地指出，不管採行任何政策，都必須權衡取捨。如果制定了日光節約時間，窗簾和其他織品業會更快凋零。

　　67％接受調查的醫生偏愛X勝過Y。（這句話沒有說服瓊斯。）

　　全球人口呈現爆炸性成長。據估計，目前活著的人占有史以來所有人類的10％到20％。如果真的是這樣，這表示我們在統計上，沒有足夠明確的證據，拒絕人可永生的假說嗎？

社會的偏好，其實不符合邏輯？

本章的重點會放在數盲對於社會造成的傷害，特別要強調社會與個人之間的衝突。多數的範例都會討論到，互相衝突的考量之間的取捨與平衡，並顯示數盲如何影響這些相對看不見的取捨。或者，有時候是在根本毫無根據時卻看到取捨，比方說前文的威斯康辛州議員。

讓我們來看一項很基本、且有相關性的奇特機率現象。發現此一現象的是統計學家布拉德利・艾弗隆（Bradley Efron）。假設有四顆骰子A、B、C和D，這四顆骰子的點數很奇怪，說明如下：A骰子有四面是4點、兩面是0點；B骰子六面都是3點；C骰子有四面是2點、兩面是6點；D骰子有三面是5點、三面是1點。

拿A、B兩顆骰子來擲，如果A的點數有三分之二的時間比較高，那就是A贏。同樣的，拿B、C兩顆骰子來擲，如果B的點數有三分之二的時間比較高，那就是B贏。拿C、D兩顆骰子來擲，若C的點數有三分之二的時間比較高，那就是C贏。但重點來

了，拿 A、D 兩顆骰子來擲，假如 D 的點數有三分之二的時間比較高，那就是 D 贏。因此，在三分之二的時間贏的條件下，A 勝過 B、B 勝過 C、C 勝過 D、D 勝過 A。你甚至還可以藉此獲利：請對方任選他想要的骰子，然後你選另一個三分之二時間贏就贏的骰子。如果對方選 C，你就選 A；對方選 A，你就選 D，以此類推。

　　C 骰子贏過 D 骰子的部分可能需要解釋一下。D 骰子有一半的時間會出現 1 點，如果是這樣，C 骰子一定贏。D 骰子有另一半的時間會出現 5 點，假如是這樣，C 骰子還有三分之一的機率會贏。由於 C 骰子在這兩種情況會贏，因此有 $1/2 + (1/2 \times 1/3) = 2/3$ 的機率都會贏。我們可以用同樣的論據，來說明 D 骰子有三分之二的機率會贏過 A 骰子。而從 18 世紀的孔多塞（Marquis de Condorcet）到 20 世紀的肯尼斯·阿羅（Kenneth Arrow），多數的投票困境（voting paradox）便是以這種不可遞移性（X 贏過 Y、Y 贏過 Z、Z 贏過 W，但 W 卻贏過 X）為基礎。

　　稍微改變一下孔多塞的原始範例，就可以顯示出，社會的不理性很可能是出於個人的不理性。舉例

來說，麥可・杜卡基斯（Michael Dukakis）、高爾和傑西・傑克遜（Jesse Jackson）三人參加1988年民主黨的初選，要角逐總統大位。假設有三分之一的選民喜歡杜卡基斯、勝過高爾、又勝過傑克遜，另外三分之一喜歡高爾、勝過傑克遜、又勝過杜卡基斯，最後的三分之一喜歡傑克遜、勝過杜卡基斯、又勝過高爾。到目前為止沒問題。

但是，當我們來看可能的兩人對決時，就出現了矛盾。杜卡基斯會誇口有三分之二的選民喜歡他勝過高爾，傑克遜會回應有三分之二的選民喜歡他勝過杜卡基斯。最後，高爾也會反擊，提到有三分之二的選民喜歡他勝過傑克遜。如果用投票多數決來決定社會的偏好，「社會」喜歡杜卡基斯勝過高爾、喜歡高爾勝過傑克遜、喜歡傑克遜勝過杜卡基斯。因此，就算所有個別選民的偏好都是理性的（亦即可遞移：如果選民偏好X勝過Y、偏好Y勝過Z，那麼，此選民就偏好X勝過Z），以多數決來決定的社會偏好，也不一定是可遞移的。

當然，現實生活中的事物更複雜。舉例來說，美國的喜劇演員莫特・索爾（Mort Sahl）評論1980年

美國大選時，他說大家沒這麼想投雷根，但是他們更不想投卡特。如果雷根在沒有競爭對手下競選，他就會輸。（我不知道如何模擬這種情況。）

我們不應認為現實中不會出現孔多塞的悖論和索爾的笑話。經濟學家阿羅就提了一個很有說服力的通則，說明上述的情境正是每一套投票制度的特色。具體來說，他證明了利用個人偏好得出社會偏好時，無法絕對保證社會偏好能滿足以下的四個基本要求：社會偏好必須有遞移性；偏好（包括個人偏好和社會偏好）必須僅限於可選的選項；如果每一個人都偏好X勝過Y，那麼社會偏好也必須是偏好X勝過Y；任何個人偏好都無法完全決定社會偏好。

利益、囚犯困境與兩難人生

邏輯學家羅伯・沃夫（Robert Wolf）設計出一個和知名的囚犯困境有關的兩難局面，揭示了另一種個人與社會之間的衝突，等等我們會再回來討論。不管是哪一種，都證明了一個人以自利為動機所做的事，不見得最符合此人的利益。

假設有一位很古怪的慈善家，要你和20個點頭之交齊聚一堂，大家都無法用任何方式溝通，而每個人都可以選擇要不要按下眼前的小按鍵。

如果所有人都忍住不按，慈善家就發給每個人1萬美元。但只要有人按下按鍵，按下按鍵的人都可以拿到3,000美元，按兵不動的人則一無所獲。問題來了，你要按下按鍵穩穩拿走3,000美元，還是你要自我克制，也希望這一群裡的每個人都跟你一樣，那大家都可以拿到1萬美元。

不管你的決定是什麼，別人都有可能改變利害關係或是人數，引得你扭轉自己的決定。如果你打算按下按鍵，但要是當中涉及的利益是10萬美元而非3,000美元，你很可能會改變心意。假如你決定不去按按鍵，但涉及的利益是1萬美元跟9,500美元之差，你也許會打消本來的念頭。

還有很多辦法也可以提高利害關係。假設我們用一個強勢的虐待狂，替換掉這個古怪的慈善家。如果都沒有人按下按鍵，他會讓每個人平安走出去。但只要有人動手按下去，虐待狂會強迫按按鍵的人，玩存活率95％的俄羅斯輪盤，沒按的人馬上會遭處決。

你會按下按鍵、爭取95％的生存機會，並承擔間接讓其他人死亡的代價，還是，你會抵抗恐懼，誓死不按下按鍵，期待其他人也不會被恐懼制伏？

沃夫的兩難局面，通常發生在如果我們不顧自己，就會被淘汰的狀況之下。

現在假設有兩位女士必須完成一樁快速簡短的交易（就讓我們假設這兩人是毒品販子）。兩名女士在街角交換了兩個裝滿的棕色紙袋，然後快步走開，沒有檢查對方的袋子裡是什麼。會面之前，兩人的選項都相同：可以在自己的袋子裡，裝上對方想要的有價物品（合作的選項），或是在裡面裝滿碎報紙（個人主義的選項）。如果兩人都合作，兩人都可拿到自己想要的，並付出合理的成本。假如A用碎報紙裝滿紙袋但B不是，A就在無成本的條件下拿到她想要的，B則受騙上當。要是兩個紙袋都是碎報紙，那兩個人都沒拿到自己想要的，但兩個人也都沒上當。

對這兩位女士來說，最好的結果是兩人都和對方合作。但，A有理由採取以下的做法：如果B選擇合作，但A採取個人主義選項。A就可以拿到自己要的，又不用付出代價。另一方面，假如B採取個人主

義選項，而A也這麼做，至少不會上當。因此，不管B怎麼做，如果A採取個人主義選項，給B一整袋碎報紙，A都會比較好。當然，基於同樣的道理，B也可以這麼做，到頭來，這兩人很可能交換的是兩袋沒有價值的碎報紙。

而正常的商業交易中，也會出現類似的情形。事實上，幾乎任何交易都有可能。

囚犯困境的由來，也就是出於上述類似的情境。在囚犯困境中，有兩個人因為犯下輕罪被捕，但兩人都涉嫌另一椿重大犯罪。兩人被分開偵訊，每個人都可以選擇坦承犯下重罪並供出同夥，也可以閉口不提。如果兩人都保持沉默，雙方都只會被判一年徒刑。假如其中一人認罪但另一人不認，認罪的人能無罪開釋，另一人則要坐五年的牢。要是兩人都認罪，雙方將在監獄裡度過三年。合作選項是保持沉默，個人主義選項是認罪。

同樣的，在這兩難局面中，對兩位當事人來說最好的選擇是保持沉默、入獄一年。但這會讓兩人都有可能面對最糟糕的狀況，成為替死鬼在監獄裡蹲五年。因此，這兩人很可能都會招供，兩人都坐三年

牢。

　　這又怎麼樣？當然，我們可能對於兩個毒品女販子，或刑事司法體系中的兩難局面不感興趣。但這提供了一套邏輯架構，可以套用在日常生活中的許多情境。無論是競爭市場裡的商人、婚姻裡的夫婦還是軍備競賽中的強權，通常都可以用囚犯困境來描述人們的選項。不同的情境不見得一定有正確答案，但從「一對」的角度來看，如果雙方都能抗拒誘惑，不要矇騙對方，改為與對方合作或保持忠誠，對相關的當事人來說都會比較好。要是雙方只追求自利，結果並不如彼此合作來得好。亞當‧斯密說的看不見的手，可以確保個人追逐私利、又能為群體帶來公益，但在這些情況下施展不開。

　　另有一個稍微有點不同的情境，是兩位作家必須公開評論彼此的書。如果他們要打動的都是同一群讀者，大肆批評另一人的書、但自己的書受到讚揚，會帶來一些好處。在這種個人主義選項下的好處，高於兩人互褒帶來的利益，兩人互讚的利益又高於兩人互貶。因此，要褒還是要貶的選擇，就變成很像囚犯困境的局面了。（我說「很像」，是因為這種情境下應

該還有其他更重要的考量，比方說要評論的書本身的價值。）

討論囚犯困境的文獻很多。而兩人版的囚犯困境，可以擴大成有很多當事人的情境，每一個人都可以選擇對公益做出小小貢獻，或者大幅提高私利。多人的囚犯困境很有用，可用來模擬涉及潔淨用水、空氣或空間等「無形財產」經濟價值的情境。

政治學家羅伯特・艾瑟羅德（Robert Axelrod），研究了另一種版本的囚犯困境——賽局會重複多次。研究中，前述兩位女毒品販子（或是商人、夫妻、強權大國等等）會一再碰頭做交易。這裡就有非常充分的理由讓彼此合作，不去想矇騙對方。畢竟，你很可能必須跟此人再度交手。

幾乎所有社會上的交易，都有相當程度的囚犯困境元素。而民眾在哪些情況下會彼此合作，哪些又不會，反映了該社會的特質。如果某個「社會」的成員從來不合作，用英國政治哲學家霍布斯的話來說，他們的人生很可能「孤獨、貧窮、齷齪、殘酷且短暫」。

生日、死期與假設檢定

　　機率理論緣起於17世紀的賭博問題，時至今日，當中還有很濃厚的賭局氣息和吸引力。統計學同樣始於17世紀，起初是為了編製死亡率的報表，當中同樣帶著最初的成分。而敘述統計學（descriptive statistics）是統計裡最古老、也是一般人最熟悉的部分，但這門學科有時也（不是一直）讓人感到乏味，因為有沒完沒了的百分比、平均數和標準差等指標。推論統計學（inferential statistics）是理論上比較有趣的領域，其使用機率理論來做預測，估計母體重要特質，並檢定假說是否成立。

　　最後這個概念（假設統計檢定）的原理很簡單。你提出一個假設（常用的術語讓人望而生畏，叫虛無假設〔null hypothesis〕），再來設計一項實驗並且執行，然後做計算，看看實驗的結果是否足以證明給定的假設。如果不行，你就拋掉假設，暫且接受對立假設（alternative hypothesis）。從這樣的關係來看，統計之於機率，就好比工程之於物理，都是一門以更能促進智育的基本學科為基礎的應用科學。

我們來看一個範例。範例中，簡單的統計檢定出現意外的結果，足以拒絕一項常見且顯而易見的假說：人的生日和死期之間並無相關性。具體來說，假設在特定群體中，死者的死亡日期大約有25%，會落在生日後的三個月內（75%發生在另外九個月內）。

但讓人意外的是，從1977年猶他州鹽湖城各家報紙發布的訃聞中，隨機抽取747則，其中有46%的死者死亡日期，是在生日之後的三個月內。而檢定中的虛無假設，是約有25%的死者死期，落在其生日過後的三個月內。如此一來，要得出在這段期間死亡的人達到46%、甚至更高的機率微乎其微，基本上可以說是零。（我們必須考慮的對立假設是有46%以上的人會死於這段期間內，而不是剛好46%。為什麼？）

因此，我們拒絕了虛無假設，暫時接受因為某種原因，人確實會等到過完生日才死。不管這是因為想要抵達另一個人生里程碑，還是因為生日帶來創傷（「喔，天啊，我已經92歲了！」）。看起來，人的心理狀態顯然是影響死期的一大因素。但，很重要的

是，我們要看是否能在不同地方複製這項研究。我的猜測是，這種現象在年紀很大的人當中會比較明顯，對他們來說，人生最後一次生日，會是唯一可以達成的重大成就。

為了說明非常重要的二項機率模型，並提出數字範例來做統計檢定，我們假設以下這個小型的超感知覺檢定。（我之前提到有些段落可以忽略不讀，這便是其中之一。）假設我們從三種符號中隨機選出一種，然後放在厚紙板下方，要求受試者回答是哪一種。做了25次測試之後，受試者有10次正確答出是哪一個符號。這足以否定「受試者並不具備超感知覺」的假說嗎？

答案是，這要看如果光憑運氣就能有這麼好的表現、甚至更好的機率有多高。憑運氣要剛好猜對10次，機率是 $(1/3)^{10}$（前10次答對的機率）× $(2/3)^{15}$（後面15次答錯的機率）×25次試驗中答對任10次的組合數目。最後一個乘數有必要，因為我們在乎的是答對10次，不一定是前10次。任何答對10次與答錯15次的組合都可以，而且機率都相同，都是 $(1/3)^{10} \times (2/3)^{15}$。

從25次裡選10次，總共有362萬8,800種組合
[（25×24×23……17×16）/（10×9×8×……2×1）]。
如此一來，在25次裡正確猜對10次的機率，就是
3,628,800×（1/3）^{10}×（2/3）^{15}。用同樣的方法，
可以算出25次裡猜對11、12、13到25次的機率。如
果我們把這些機率加起來，就得到「靠運氣在25次
裡至少猜對10次」的機率約為30%。這個機率不
低，遠遠不足以拒絕「沒有超感知覺」的假設。（有
時候，得出的結果比較難用機率來解釋。但這些案例
中的實驗設計總是有缺失，能為受試者提供一些答題
線索。）

第一型和第二型錯誤：從政治到帕斯卡 的賭注

我們再來講一個統計檢定的範例。如果我提出的
假說，是某個地區有15%的汽車都是雪佛蘭科維特
跑車（Corvette），而我在當地一些有代表性的十字
路口觀察1,000輛汽車，只看到80輛科維特跑車。利
用機率理論，我算出根據我的假說，得出這種結果的

可能性低於5％。5％是常用的「顯著水準」（level of significance）。也因此，我拒絕了「該地有15％的汽車是科維特跑車」這項假說。

應用本項或任何統計檢定時，可能出現兩種錯誤。可想而知，這兩種錯誤的名稱分別為第一型錯誤（Type I error）和第二型錯誤（Type II error）。成立的假說被拒絕是第一型錯誤，不成立的假說被接受是第二型錯誤。因此，如果車展找來很多科維特跑車在當地招搖過街，導致我們接受了「當地至少15％的汽車是科維特跑車」這項不成立的假說，就是犯下第二型錯誤。另一方面，萬一我們不知道，當地大部分的科維特跑車不是拿來開上路，而是收藏在車庫裡，那麼，拒絕了成立的假說就是犯下第一型錯誤。

我們也可以用比較不正式的方式來區分兩者。政府在撒錢時，典型的自由派會非常努力去避免犯下第一型錯誤（該拿到錢的人沒有拿到該得的比例），標準的保守派則更在意不要犯下第二型錯誤（不該拿到錢的人反而拿到太多）。施罰時，典型的保守派比較在意要避免第一型錯誤（罪有應得的人沒有受到該受的懲罰），標準的自由派急著要避免第二型錯誤（罪

行不嚴重或無辜的人，遭受不該受的懲罰）。

當然，向來有人一邊反對食品藥物管理局（Food and Drug Administration）太過嚴格，不願意快快放行某種藥物以解病痛，但一邊又大肆抱怨該局過早核准另一種藥物，導致嚴重的併發症。然而，食品藥物管理局必須評估第二型錯誤（放行不良藥品）與第一型錯誤（不核准沒問題的藥物）的相對機率。我們也一樣，必須時時替自己評估類似的機率。我們應該將正在漲的股票選擇權賣掉，冒著賺不到另一波漲幅的風險，還是要繼續持有，冒著股價下跌、把本來的報酬獲利回吐的風險？我們應該動手術，還是採取保守治療方法？亨利應該冒著被香桃拒絕的風險約她出來，還是不要開口，維持平靜的心情，卻不知道她可能會答應？

同樣的考量也應用到製程上。如果機器某些重要部分因為零件損壞而故障，或者出現一系列異常不可靠的成品（不管是爆竹、湯罐頭、電腦晶片還是保險套），就會要求執行新的品質控制，以確保不會製造出更多瑕疵品。聽起來很合理，但在多數情況下根本做不到，或者代價高得不得了（這兩種結果代表的意

義其實都一樣）。品質管制查核是在每一批製成品中抽樣送檢，以確定樣品裡沒有、或少有故障，但不會檢驗每一件製成品（就算可檢驗也不會這麼做）。

　　品質和價格之間幾乎必有取捨，第二型錯誤（接受太多缺陷的樣品）和第一型錯誤（拒絕瑕疵很少的樣品）之間亦然。此外，如果沒有體認到這樣的取捨，就更有可能否認或掩飾一定會出現的瑕疵品，導致品質控管的工作更難做。最適合用來解釋這一點的，就是美國研議的戰略防衛方案（Strategic Defense Initiative），當中的電腦軟體、衛星、反射鏡等等都無比複雜，天真無知的數盲才會相信這套計畫會成功，不會拖垮國庫。

　　戰略防衛方案提到了毀滅與救世，而就連這等大事，取捨的概念都可以發揮很有用的力量。比方說，帕斯卡賭上帝是否存在的賭注，就相當於在第一型錯誤和第二型錯誤的相對機率與結果之間做取捨：我們應該相信有上帝並據此做人處事，代價是可能犯下第二型錯誤（如果上帝不存在的話）。或者，我們應該拒絕相信上帝並據此行事，冒著犯下第一型錯誤（要是上帝存在）的風險？當然，在這些說法之前有一些

必須釐清、不然就不成立（或者無意義）的基本假設。然而，重點是，不管做什麼決定，都可以套用這套架構，也都需要非正式的機率評估。天下沒有白吃的午餐，就算有，也可能會消化不良。

究竟，我們該多相信估計值？

估計母體的特徵，比方說偏好某位候選人，或特定狗食品牌的比例有多高，跟假設檢定一樣，原理都很簡單。選出隨機樣本（說起來容易，做起來難），然後算出樣本中偏好某位候選人（假設有45％），或某個狗食品牌（假設28％）的比例，然後用這個比例來估計整個群體的看法。

我在現實中只做過一次非正式的意見調查，目的是為了得到以下這個重要問題的答案：喜歡看三個臭皮匠（Three Stooges；按：美國搞笑團體，活躍於1920至1970年代）的大學女生比例有多高？排除掉不熟悉這三人組低俗、粗野、庸俗喜劇風格的調查對象後，我發現，我的樣本裡有8％的人坦承很愛看。

我並沒有很嚴謹地去選擇上述的樣本，但8％的

結果至少聽起來很可信。另一方面，像「67％（或75％）接受調查的人，比較喜歡 X 藥錠」這類說法有個明顯的問題，那就是基礎很可能只是三、四個小樣本。更極端的例子，是某個名人為某種飲食控制法或藥品等等背書，而此時的樣本只有一個人，通常還是收了錢的業配樣本。

因此，比得到統計估計值更困難的，是要決定我們該多相信估計值。如果樣本很大，我們會更有信心認為樣本的特徵，很接近整體母體的特徵。同樣的，如果母體的分配不是太分散或變化太大，我們也會更有信心相信，樣本的特徵有代表性。

善用一些機率與統計上的原理與法則，我們可以得出所謂的信賴區間，來估計樣本的特徵有多能代表整個母體。我們可能會說，在95％的信賴區間裡，投給 X 候選人的選民有45％加減6％。這表示，我們有95％的把握，母體中支持 X 候選人的比例，是樣本比例的加減6％。以我們的範例來說，那就是母體中有39％到51％的選民比較喜歡 X。或者，我們會說在99％的信賴區間裡，偏好 Y 牌狗食的顧客是28％加減11％。這表示，我們有99％的把握，母體

中偏好Y牌狗食的消費者占比，是樣本比例的加減11％，以這個範例來說，就是有17％到39％的顧客喜歡Y牌。

但這跟假設檢定一樣，同樣也沒有白吃的午餐。以特定大小的樣本數來說，信賴區間愈狹隘（這代表估計值愈準確），我們就愈沒有信心母體的特徵會落在區間內。相反的，信賴區間愈寬（這代表估計值愈不準確），我們就愈有信心一定會包含母體特徵。當然，如果加大樣本，就可以同時縮短信賴區間、並提高我們的信心，相信母體占比一定落在區間內（無論我們要檢視的特徵或參數是什麼），但擴大樣本要花錢。

各種研究調查或意見調查，如果沒有提到信賴區間或誤差範圍，通常會造成誤導。常見的情況是，調查裡確實有講到信賴區間是多大，但新聞報導中不會提。畢竟委婉謹慎、或者是帶有不肯定成分的內容，沒有太多值得報導之處。

如果標題寫著失業率從7.1％下滑到6.8％，但沒有說信賴區間是加減1％，讀者可能會有錯誤的印象，覺得這是好事。然而，從抽樣誤差（sampling error）來說，說不定沒有「下滑」這回事，甚至還有可能上揚。如果沒講誤差範圍是多少，有一個很好用的基本原則是，隨機樣本數為1,000以上時，可以得到較窄的信賴區間，以滿足大多數的分析需求。相反的，若隨機樣本數為100以下，得到的信賴區間較寬，難以滿足多數的分析需求。

有一件事讓許多人很意外，那就是民意調查機構只要訪問很少人，就可以得出調查結果。（以百分比來表示的信賴區間寬度，和樣本大小的平方根成反比。）事實上，他們訪問的人數通常已經超過理論上必要的程度，以彌補和隨機抽樣有關的問題。隨機抽取的樣本中如果有1,000人，以95％信賴區間估計偏好X候選人、或Y品牌狗食的占比，理論上誤差範圍大約是加減3％。由於會有人不作答及考量到其他問題，民調機構會對這種大小的樣本取加減4％的範圍。

來看看傳統用電話做調查有哪些問題。這麼做會排除沒有家用電話的人，而影響結果嗎？有多少比例的人，發現是意見調查機構打電話來而拒絕回答，或乾脆掛斷？電話號碼是隨機選取的，如果打到公司行

號的電話，那要怎麼辦？如果沒人在家或接電話的是小孩，那又怎麼辦？電話訪談者的性別（或聲音、態度）對於受訪者會有什麼影響？電訪人員一定會很仔細、很誠實紀錄答案嗎？選擇電話區號和號碼的方法是隨機的嗎？問題有沒有誘導性或會不會偏頗？問題是否容易理解？如果家中有兩位以上成人，誰的答案才算數？調查機構用哪些方法來權衡結果？如果人們對於調查議題的看法快速變動，拉長調查時間會對結果造成什麼樣的影響？

　　親自訪談和郵寄問卷訪談也有類似的難處。比如，提出誘導性的問題或語氣含沙射影，是親自面訪常見的缺失。另一方面，郵寄問卷的一項重點，是要避開自願樣本（self-selected sample），不要讓最投入、最激動或是最不典型的群體，成為最可能的受訪者。（有時候我們可以用更直白的「遊說」一詞，來指稱這類自願樣本。）《文學文摘》（*Literary Digest*）1936年做了一場很有名的意見調查，預測阿爾夫・蘭登（Alf Landon）會以3比2之差勝過羅斯福。但結果錯了，因為收到問卷的人裡面只有23％回覆，而這些通常是比較富裕的人。類似的缺失也讓1948

年的調查失準。當時的結果顯示，湯瑪斯·杜威（Thomas Dewey）會贏過杜魯門。

報章雜誌根據問卷的答案，發布有偏頗的結果而招來惡名，這種事時有所聞。這類非正式調查罕有提到信賴區間，也很少提到所用方法的細節，因此，自願樣本的問題不見得立現。當女性主義作家雪兒·海蒂（Shere Hite）或是專欄作家安·蘭德絲（Ann Landers）說，她們的受訪者自稱有婚外情，或寧願當初不生小孩的比例高到嚇人，我們要立即自問，哪些人最有可能回答這些問題？是有婚外情的人，還是心滿意足的人？是被小孩激怒的人，還是和小孩在一起開心無比的人？

自願樣本能提供的資訊，不會高於靈媒做出的正確預言。除非你能拿到完整的靈媒預言列表，或是從全部預測中，隨機選出樣本進行分析，不然的話，這些所謂正確的預言也毫無意義。有些預言後來會應驗，完全是因為湊巧。同樣的，除非你調查的是隨機選取、而非自願入選的樣本，不然的話，調查的結果通常沒有什麼意義。

具有數學素養的人，除了要當心自願樣本的問題

之外，也要理解自選研究（self-selected study）引發的問題。如果一家 Y 公司委外做八項研究，要比較 Y 公司的產品與競爭對手之間的相對價值。而在八項研究中，有七項得出的結論是競爭對手的產品較優，我們不難預測 Y 公司的電視廣告會引用哪一份研究。

在討論巧合與偽科學的幾章中，我們看到「想要過濾與強調特定資訊」，和「意在獲得隨機樣本」，是互相衝突的兩件事。比起更明確、但較不驚人的統計證據，幾個鮮明的正確預言或巧合通常更有分量，對於數盲來說尤其如此。

正因為這樣，我不太清楚為何一些涉及隱私的私人故事或個人報導，常常被冠上調查之名。這類內容如果做得好，會比典型的意見或研究調查更具吸引力（雖然比較沒有說服力），但以不當的科學調查外衣包裝起來，反而失去了很多價值。

如何從雜亂無章的數據資料中，找出有用的資訊？

在統計學裡，最重要的是藉由檢驗隨機抽取的小

樣本特質，來推估大母體的相關資訊。從培根的列舉歸納法（enumerative induction），到現代統計學之父卡爾‧皮爾森（Karl Pearson）和費雪（R. A. Fisher）提出的假設檢定理論與實驗設計，相關的技巧仰賴的都是這項（如今）顯而易見的洞見。以下是幾個取得資訊的非常手段。

我現在要來講，如何在無損任何人的隱私之下，取得一群人的敏感資訊。我提到的第一種方法，在這個宣稱仍重視隱私的包打聽時代，可能分外重要。假設面對一大群人，我們想要知道這裡面從事某些性行為者的比例有多高，為的是要判定哪些性活動，最有可能導致染上愛滋病。

那可以怎麼做？首先，請每個人從錢包裡拿出一枚硬幣，然後擲一次硬幣。每個人都不可讓別人看到自己擲硬幣的結果，當事人知道是人頭還是字就好。如果出現人頭，此人就要針對他「有沒有從事特定性行為」，誠實回答有或沒有。假如擲出字，當事人就要回答有。因此，受訪者回答的「有」可能代表兩種意義，一種是與個人行為無關的「有」（如果擲硬幣出現字），另一種則是很可能讓人尷尬的「有」（確

實從事某種性行為）。由於實驗者不知道「有」是哪一種「有」，受試者應該會坦誠作答。

假設 1,000 個受試者裡，有 620 個人答「有」。這代表有多少比例的人從事這種性行為？1,000 個人裡，大約有 500 人單純因為丟出字而回答「有」，這樣一來，除了這 500 個答「有」的人之外，就剩下 120 個誠實作答「有」的人（他們丟出了人頭），因此，估計從事此種性行為的人有 24%（120/500）。

我們可以做很多微調，用這種方法找出更多詳細資訊，例如受試者做過幾次這種性行為。還可以用非正式的方式進行，如間諜機構可藉此估計，某個地區有多少異議人士。或者，廣告公司可以用來估計，市場不看好產品的可能性有多大。只要從公開來源取得計算用的原始數據，經過適當處理之後，可以得出讓人訝異的結論。

另一種比較不常見的取得資訊方法，稱為重複捕取法（capture-recapture method）。假設我們想知道某一座湖裡有多少條魚，我們先抓來 100 條，上面做標記，然後放走。等到這些魚分散在湖中，我們再另捕 100 條魚，看看當中做了標記的魚占了多少。

如果捕回的100條魚中8條有記號，那麼，合理估計整座湖裡有做記號的魚約占8％。這8％來自於我們之前標記的100條魚當中。因此，如果要知道整座湖裡有幾條魚，只要解出以下的比例問題即可：8（第二次抽樣時有標記的魚的數目）比100（第二次抽樣的總數），等於100（有標記的魚的總數）比N（湖裡面的魚的數目），N等於1,250。

當然，我們必須注意要滿足幾個假設。比方說：魚不會因為被做了標記而死亡，整座湖裡面的魚或多或少是均等分配，被做標記的魚不會游得比較慢或比其他魚更容易被捕，諸如此類的。然而，以得出大致的估計值來說，重複捕取法相當有效，也具備相當的通用性，不單是用於估計魚群而已。

當作品的作者身分有爭議（例如《聖經》的各福音書、《聯邦黨人文集》〔*The Federalist Papers*〕），判斷真實作者身分的統計分析，也需要運用某些聰明方法，從已故、無法配合調查的作者所留下的文字中，爬梳整理相關資訊。

統計學的兩大支柱

機率理論的吸引力，有一大部分來自於機率解決的實務問題和人切身相關，也很訴諸直覺，而且機率理論的原理很簡單，又能讓我們解決很多問題。然而，以下兩個理論結果在本質上非常重要，如果我完全沒提到，就等於是沒盡到責任。

第一項是大數法則，是機率理論裡最重要的公理之一，但時常遭到誤解。很多人常會引用這條法則，為各式各樣奇特的結論背書。大數法則指的是：長期來說，某個事件發生的機率，和事件實際發生的相對頻率，兩者之差會趨近於零。

最早提出大數法則的，是1713年的詹姆士‧白努利（James Bernoulli）。以公平硬幣這種特殊情況來說，大數法則告訴我們，隨著擲硬幣的次數增加，得出人頭的總次數除以總投擲次數的商數，和二分之一之間的差異，可以證明會極接近於零。請回想一下第2章討論過的輸家和公平硬幣，當時提到這並不表示出現人頭的總次數，與出現字的總次數之間的差異，會隨著擲硬幣的次數增加而縮小。一般來說，情

況剛好相反。所謂硬幣很公平，是以比率來說，而不是用絕對次數來看。與一般人茶餘飯後的談資不同，出現多次字之後，擲出人頭的機率不會更大，大數法則的概念不代表賭徒謬誤存在。

這條法則是很多現象背後的道理，其中之一是實驗者相信，隨著衡量的次數增加，測量某些量得出的平均值，應該很接近這個量的真值（true value）。大數法則也是一個常識現象的理據：如果擲一顆骰子N次，隨著N的數值愈來愈大，得到5點的次數與N/6之間的差距，會愈來愈小。

簡單來說，我們自然認為，理論上的機率是一種指南，引導我們去理解真實世界、弄清楚實際發生什麼事，而大數法則替這種想法提供了理論基礎。

常態分布的鐘形曲線看來可以描述很多自然界的現象，何以如此？機率理論中另一個很重要的理論結果，是所謂的中央極限定理，這可以解釋為何常態高斯分布（normal Gaussian distribution）處處可見。（常態高斯分布，是以史上最偉大的數學家之一高斯為名。而這個封號，不管是在他所處的19世紀還是

其他世紀，都名副其實。）中央極限定理說，就算個別數值本身並不遵循常態分布曲線，但一串大量數值的和（或是平均值）會收斂呈常態分布曲線。這是什麼意思？

　　試想有一家工廠生產玩具專用的小電池，再假設管理這家工廠的是一名個性乖戾的工程師，他確定約有30％的電池用5小時之後就沒電，剩下的70％可用大約1,000個小時。這些電池的壽命時間分布顯然無法用鐘形曲線描述，比較像兩頭突出的U形曲線，一邊是5小時，另一邊是1,000個小時。

　　假設生產線上，會隨機製造出兩種電池中的任一種，而且電池都會裝箱，一箱36個。如果我們要去算一箱電池的平均壽命，得到的答案大約是700，就假設是709好了。如果我們去算另一箱36顆電池的平均壽命，也會發現大約是700，假設是687好了。事實上，如果我們檢視很多箱，平均壽命的平均值會很接近700。更有意思的是，這些平均壽命的分布情況會很接近常態分布（鐘形分布），以整箱來算，平均壽命介於680到700、或是700到720等等，符合常態分布的比例。

中央極限定理指出，在很多種情況下，都會出現這種情形。也就是說，即使是非常態分布的量，平均數與總和也都會呈現常態分布。

　　而在測量過程中，也都可能觀察到常態分布的現象。不管衡量什麼量，以其真值為中心，所衡量出來的數值誤差構成的「誤差曲線」（error curve）通常也呈現常態鐘形。而這種現象的理論基礎，就是中央極限定理。其他會成常態分布的量包括：特定年齡下的身高體重、城市裡特定日子的用水量、機器製零件的寬度、智商（不管衡量的標準是什麼）、大型醫院特定日子的住院人數、飛鏢與靶心之間的距離，以及落葉數量、胸圍或自動販賣機賣出的汽水數量等等。這些量的數值都可以想成很多因素（性別、生理或社會）的平均或總和。因此，可以用中央極限定理，來說明為何會呈現常態分布。

　　簡而言之，就算計算出來的量的平均數（或總和）並非常態分布，但多次衡量這些量的各個平均數（或各個總和），通常也會呈常態分布。

你能分清「相關」與「因果」嗎？

　　相關性和因果關係是兩個意義很不同的詞彙，但數盲常混為一談。通常，就算兩個數量之間有相關性，但它們並沒有因果關係。

　　會發生這種事，常見的情況是兩個量都因為第三個因素而變動。有一個很知名的範例，講到在幾個地方，都出現牛奶的消耗量和罹癌之間有相關性。兩者之間有相關，或許可以用這些地方都相對富裕來解釋。隨著經濟富裕，民眾的牛奶消耗量增加，而富有也讓人更長壽，導致罹癌的人也變多了。事實上，任何和長壽正相關的健康之道，比方說喝牛奶，很可能也和罹癌正相關。

　　美國不同地區的每千人死亡率，和同地區的每千對夫婦離婚率有小幅的負相關性，離婚率愈高的地方，死亡率愈低。同樣的，這裡也暗藏著第三個因素：不同地區的年齡分布狀況，看來是一個理由。比起年輕的夫婦，年紀愈大的已婚夫婦愈不可能離婚，也愈可能死亡。事實上，由於離婚是很磨人、痛苦的經歷，反而可能提高當事人的死亡風險。因此，上述

訴諸相關性的推理，是具誤導性的。實際情況完全不一樣。還有一個弄錯原因的相關性範例：太平洋新赫布里底群島（New Hebrides Islands）的人們認為，體蝨有益健康。因為他們看到很多健康的人都有體蝨，覺得這不是空穴來風。但其實，人生病時體溫會升高，導致體蝨去找更宜居的宿主。所以體蝨和健康同時消失的原因，都是體熱。同樣的，州內的日托方案品質，和兒童在日托機構遭性虐待的提報率有相關性，但顯然不具因果關係。而是代表，監督比較嚴謹的地方，有關人士會更勤於提報發生的事件。

有時候，有相關性的數量之間確實有因果關係，但其他「干擾」因素，讓當中的因果關係變得複雜模糊。比方說，一個人擁有的學位（學士學位、碩士學位、企管碩士學位、博士學位），和此人的起薪之間呈負相關。一旦考慮到雇主類型不同的干擾因素之後，情況就非常明顯了。比起在產業界求職的學士或碩士，博士更可能接受相對低薪的學術界工作。因此，是高學歷再加上後面這個事實，才把起薪拉低，高學歷本身並不會拉低一個人的薪資。或是，抽菸無疑是助長癌症、肺部和心血管疾病的重大因子，但是

有很多與生活方式和環境有關的干擾因子，多年來讓這個事實蒙上了一層面紗，難以展現全貌。

或者，「女性是否單身」和「她有沒有念大學」之間有一點點相關性。但當中有很多干擾因子，何況這兩種現象是否有因果關係，若有的話是正向還是負向的，都還不明確。有可能的情況是，一名女性傾向過單身生活而去讀了大學，而不是相反。順帶一提，《新聞週刊》（*Newsweek*）曾刊登一種說法是，一名年過35、且受過大學教育的單身女性，能夠成婚的機率低於遭到恐怖分子殺害。這種說法很可能是故意誇大，但我聽到有很多媒體人居然把這當成事實引用。如果有「年度最數盲獎」，這個說詞極有望能獲獎。

最後要講的是，有很多相關性純粹是因為剛剛好。研究提到的相關性如果不是零、但數值很小，通常講的都是運氣的變化而已。這當中的意義，就好比你丟50次硬幣，結果出現人頭的次數不到一半。事實上，社會科學領域裡有太多這種由無意義的數據，構成的不需費神研究。就好比如果以某種方式（比方說對一系列笑話發笑的次數），來定義特質 X（例如

幽默），再用另一種方式（像是認為自己具備某些表列正面特質），定義另一種特質Y（如自尊），而幽默和自尊這兩種特質間的相關係數是0.217。這完全是無用的廢話。

回歸分析嘗試找出X量的值和Y量的值之間的相關性，這是統計上很重要的工具，但常被誤用。我們常常看到與上述幾個範例相類似的結果。或是，用Y＝2.3X＋R來描述X與Y的關係，但R是一個隨機量，數值變化很大，足以壓過X與Y之間本來會有的關係。

這類錯誤的研究，卻經常成為員工心理測驗、保險費率和信用評等的基礎。你可能是一位好員工，應該可以繳交比較低的保費，或是該得到更高的信用評等。但如果用某種方法來評估，你具備的相關特質都將會不存在，你也會遭遇很多難題。

乳癌、薪資與統計錯誤

假設檢定和有信心的估計值、回歸分析、相關性等等都會遭到誤解。然而，最常見的統計錯誤卻一點

也不複雜，不過是分數和比率的問題而已。本節就要舉一些常見的範例。

11位女性中就有1位會罹患乳癌，這是常受到引用的統計數據。但它有誤導性，因為結論只適用於一群活到85歲的虛構女性樣本，而這群人在特定年齡罹患乳癌的機率，就是目前該年齡層的罹癌機率。然而，能活到85歲的女性是少數，而且罹癌機率也會改變，年齡愈大罹癌的可能性愈高。

以40歲來說，每年約每1,000個女性會有1人罹患乳癌。到了60歲，就變成每500人裡會有1位罹癌。一般來說，40歲女性在50歲前罹患乳癌的機率是1.4％，在60歲前罹病的機率是3.3％。誇張一點來講，說「每11名女性就有1人罹癌」，就好像說每10個人裡就有9個會長老人斑，但這並不表示30歲的人應該為此整天憂心忡忡。

另一個例子則是理論上正確，但統計數字造成誤導，那就是美國人的前兩大死因是心臟疾病和癌症。這無疑是對的，但據美國疾病管制與預防中心指出，意外身亡（比方說車禍、中毒、溺斃、跌倒、火災和

槍械事故）奪走的餘命可能還更長。因為這些事件犧牲者的平均年齡，比死於癌症與心臟疾病的人小很多。

人們也一直誤用小學時教的比率概念。當某件物品的價格上漲50％之後，再下跌50％，相當於本來的價格下跌25％，但有很多人不認同。或是，一件洋裝價格先「調降」40％，之後再降40％，等於降價64％，而不是80％。

號稱可以減少200％蛀牙的新牙膏，會讓人以為是可以消除蛀牙兩次，可能一次是補滿蛀出來的牙洞，然後在本來有洞的地方長出塊狀物。然而，如果200％這個數字有意義，說不定是指新的牙膏可以降低30％的蛀牙，而傳統牙膏只能減少10％的蛀牙（與減少10％相比，減少30％的成長幅度達到了200％）。後面這種說法雖然比較不會誤導，但也沒這麼厲害，這也可以解釋為什麼廣告上不會用這種說法。

有一個很簡單的因應之道，是你永遠要自問：「這是什麼東西的比率？」這個辦法很好用。比方

說，如果有人說利潤是12％，那就要問這指的是成本、銷量、去年獲利還是什麼東西的12％？

分數是另一個讓很多數盲深感挫折的理由。據報導，1980年美國大選時的某總統候選人，問記者會的隨行人員如何把2/7化成百分比，他說這是他兒子的功課。不管這則報導是真是假，我相信，有一小群美國成年人去考百分比、小數、分數以及換算的考試一定不及格。有時候，我聽到某個商品以成本價打折出清，我會說這個折數可能是4/3，對方通常都是一臉茫然地看著我。

市中心有人被搶了，他說搶匪是黑人男子。但，當調查此案的法庭，在差不多的照明環境下，多次重現場景時，受害者約只有80％的時間，能正確分辨出攻擊者的族裔。如此一來，這名搶匪確實是黑人的機率多高？

很多人會理所當然地說機率是80％，但在某些合理假設之下，答案實際上低很多。我們假設，母體中約90％是白人，僅10％是黑人，本案的市中心地區也符合前述的族裔組成。而且，每個族裔可能會去

搶劫別人的機率都一樣，受害者把白人誤認成黑人，或把黑人誤認成白人的機率也一樣。在這些前提條件下發生的100件搶劫案中，平均來說，受害者會指認攻擊者是黑人的有26件。而真正是黑人所為的案子有10件，受害者可以正確辨識出來的機率是80%，那就有8個人；另外90件是白人所為，受害者誤認兇手是黑人的機率為20%，那就代表錯認了18個人，加起來的總數是26個。因此，既然在這26件、受害者指稱是黑人所為的搶案裡，只有8件確實犯人是黑人，在受害者說他被黑人搶劫的前提之下，犯人真的是黑人的機率僅有8/26，換算下來將近31%！

這個計算過程和藥物測試中偽陽性的結果很像，而且，同樣類似的是，這證明了錯誤解讀分數，很可能造成生死之別。

根據1980年美國政府發布的數據，女性的收入僅有男性的59%。自此之後，就常有人引用這個數字，但單是這個數據並不應該引來各方的非難。研究中如果沒有納入其他詳細數據，我們就不確定這證明了哪些結果。這個數字是說，以同樣的職務來說，由

女性擔任，薪資就只有男性的59％嗎？這個數字裡有考慮到，進入職場的女性愈來愈多，她們的年齡不同，經驗也各異嗎？這裡有考量到，很多女性做的是相對低薪的工作（文書、教書、照護等等）？有考慮到通常是以丈夫的工作，來決定已婚夫婦住在哪裡嗎？有沒有想過有很高比率的女性就業，是為了滿足短期目標？這些問題的答案通通都是「沒有」。政府公布的這個光禿禿的數字，只說了全職職業婦女的中位數薪資，比男性低了59％。

提出以上問題，並不是為了否定性別歧視的存在（性別歧視的情況確實無庸置疑），而是為了點出，統計數字本身無法提供太多資訊。儘管如此，這個數字仍一直受到引用，也已經成為統計學家達倫・赫夫（Darrell Huff）常說的不完全匹配數據（semi-attached figure）：一個脫離了背景脈絡的數字。關於如何得出這個數值、或是其含義到底為何，能提供的資訊少之又少，甚至完全沒有。

當統計數字如此赤裸裸地出現，沒有任何資訊講到樣本數和組成、方法學上的標準程序與定義，以及信賴區間、顯著水準等等，對於這些數字，我們也只

能一笑置之。或者，如果真的很感興趣的話，只能想辦法靠著自己去找出背景脈絡。另一種統計數字也常會赤裸裸地呈現：該國前 X％的人握有該國 Y％的財富，當中的 X值小到讓人驚恐，Y值則大到令人害怕。這類統計數字多數都造成嚴重誤導。然而，我要再說一次，我不是要否認國家存在嚴重的經濟不平等。但別忘了，富裕人士與家庭擁有的資產很少流動，這些資產在意義上或價值上也不完全屬於個人。用來衡量資產的會計程序，通常都有很多人為決定的成分。還有其他讓局面更加複雜的因素，但只要稍加思考，就會發現。

不論是公家還是私人，會計都是結合了事實與主觀決斷的特殊體，通常需要解析。1983年，政府公布的就業人數大增，但這只不過是因為，當時決定把軍人算成就業人口。同樣的，當把海地人歸類為異性戀類時，也導致異性戀者愛滋病例大增。

把數字加總，雖然會讓人開心也很容易，但很多人常常加錯。如果製造某件商品的十項原料每一種都上漲8％，總價格只會上漲8％，而不是80％。我之

前也提過，有一位搞不清楚狀況的地方性氣象播報員曾經報導過，星期六下雨的機率是50％，星期天下雨的機率也是50％，所以他說：「看來這個週末下雨的機率是100％。」另有一位播報員則說，明天會比今天熱兩倍，因為氣溫從25度上升到50度。

兒童界有個很有趣的方法，來證明他們沒有時間上學。他們有三分之一的時間要睡覺，換算下來一年就是約122天。有八分之一的時間要吃飯（一天3小時），一年總共就是45天。一年有四分之一是暑假和其他假期，那就是91天。一年七分之二的時間是週末，總共是104天。這些數字加起來就差不多是一年了，因此他們沒有時間上學。

這種不對的加法隨處可見，只是通常不像上例這麼明顯。舉例來說，計算罷工的總成本和飼養寵物的年度總費用時，我們習慣把想得到的項目都加在一起，就算這會導致某些項目在不同條目下，重複算了好幾次，或是沒有算到某些組合省下來的費用。如果你相信這些數字都是對的，你很可能也會相信小孩沒時間上學。

如果你想讓別人（尤其是數盲）刮目相看，你可以看情況，在講到某些母體很大的罕見現象時，永遠都講絕對數字，而不要講機率。這種做法有時被稱為「廣基」謬誤（"broad base" fallacy），我們已經引用過好幾個例子了。要強調數字還是機率，要看情況而定。但，能快速換算會很有幫助，這樣才不會被「4天假期死了500人」這類標題嚇到了（重點是任何4天期間有多少人死亡）。

另一個範例，要講到幾年前突然有很多報導，特意把青少年自殺和電玩遊戲《龍與地下城》（Dungeons and Dragons）連在一起。這些文章要傳達的是，青少年很沉迷於這個遊戲，某種程度上和現實斷線，最後自殺。他們引用的證據，是有28個經常玩這個遊戲的青少年自殺了。

這個統計數字看起來很驚人，但考慮到兩件事就不一樣了。首先，這個遊戲銷量達到幾百萬，據估計玩這個遊戲的青少年約有300萬人。其次，這個年齡族群每年的自殺率，約為每10萬人就有12人。這兩件事合在一起看，代表玩《龍與地下城》的青少年中，預期會自殺的約為360人（12×30）！我的用

意，不是要否認這個遊戲確實是引發某些自殺事件的因素，而是要從適當的角度來思考問題。

這些問題，你有用數學方式想過嗎？

在這一節裡，我要針對本章之前提到的內容，做一點補充說明。

人常常什麼都想拿來求平均。我們可以想想一些爛笑話。比方說，有個人就說了，雖然他的頭發高燒像在烤箱裡，腳冷到像被冰進冰箱裡，但平均來看的話，他還蠻舒服的。或者，假設有一組玩具積木，邊長從 1 英寸到 5 英寸不等。我們可以假設，這組積木的平均邊長是 3 英寸。而這些積木的體積則從 1 立方英寸到 125 立方英寸不等。因此，我們或許也可假設積木平均的體積是 63 立方英寸，因為（1 ＋ 125）/ 2 ＝ 63。把這兩個假設放在一起，會發現這個組合裡的平均積木有個很有趣的特質：邊長 3 英寸，但體積為 63 立方英寸！

有時候，仰賴平均值的結果，會比畸形的立方體

更嚴重。醫生告知你罹患重病，而得了這種病的人平均可以存活五年。如果你只知道這樣，說不定有理由懷抱希望。畢竟，有可能的情況是，罹患這種病的人有三分之二在發病一年內死亡，而你已經存活好幾年了。剩下「幸運」的三分之一病患，可以存活十年到四十年不等。重點是，如果你只知道平均存活時間，但不清楚存活時間的分布情況，很難明智做計畫。

再來舉一個數字的範例：某個量的平均數值是100，這可能代表這個量的所有數值，都落在95和105之間，也有可能一半約為50、另一半約為150。或者四分之一為0、一半接近50、四分之一大約為300，或者是其他任何可以得出相同平均數的分配。

多數的數量值都不是漂亮的鐘形分布曲線，如果沒有講到分布的變異程度，也未評估分布曲線的大略形狀，這些量的平均數（或說均數）的重要性就很有限。話說回來，人可以靠本能去領略很多日常生活情境的數值分布曲線。比方說，速食餐廳的食物平均品質，在最好的情況下也很一般，但是變異很小（除了服務速度很快之外，這是他們最重要的賣點）。一般餐廳的食物平均品質通常高一點，但是變異幅度很

大，特別是很容易變糟。

　　假設你可以從兩個信封裡選一個，其中一個裡面的錢比另一個多兩倍。你挑了A信封，打開來，裡面有100美元，那麼，B信封裡要不就是200美元，要不就是50美元。提議玩這個遊戲的人容許你換，你算一下，換的話你可能多拿100美元，但只會少拿50美元，因此你換成要B信封。現在的問題是：你為何一開始沒選B信封？顯然，不管你原本選的信封裡有多少錢，在可以改變心意的條件下，你一定會換成另一個信封。如果不知道每個信封裡，各有多少錢的機率，就無法跳脫這個僵局。這種事有很多種版本，在發布和所得相關的統計時，常會伴隨著這種「別人手上的東西比較好」的心態。

　　再來玩另一個遊戲。丟一枚硬幣，直到首度丟出字為止。如果一直丟到第20次（或之後）才出現字，那你就贏10億美元。如果你在丟第20次之前就先丟出字，那你就要拿100美元出來。你要玩嗎？

　　基本上，你贏得10億美元的機率是52萬4,288次（也就是2^{19}）裡有1次，另外的52萬4,287次，你

都要虧 100 美元。就算你知道十之八九會輸，但萬一贏了（大數法則預測，平均來說，每 52 萬 4,288 次裡會發生 1 次），你贏到的錢足以彌補所有的損失。具體來說，你玩這個遊戲贏錢的期望值、或說平均值是（1/524,288）×（10 億）＋（524,287/524,288）×（–100），大約每一次是 1,800 美元。即便平均報酬接近 2,000 美元，但多數人會選擇不要玩（這是所謂聖彼得堡悖論〔St. Petersburg paradox〕的一種形式）。

如果可以隨你高興，想玩多久就玩多久，等你停手後才結算金額，那會怎麼樣？你會玩嗎？

取得隨機樣本是很困難的技藝，民調機構不見得能成功。以這件事情來說，政府也不例外。1970 年美國政府用抽籤的方式，來徵召男性入伍參與越戰。大桶子裡放了 366 個代表生日的小膠囊，用來決定中籤者，這幾乎可以肯定是很不公平的辦法。1 月的 31 個膠囊放進大桶子裡，然後是 29 個 2 月的膠囊，以此類推，最後是 12 月的 31 個膠囊。膠囊一邊放進大桶子裡一邊均勻混合，但顯然還混得不夠勻。因為一開

始抽籤時，12月生的人的中籤率高到不成比例，而年初幾個月的生日籤到最後才出現。很明顯，這不是單純機率作用下，會有的結果。到了1971年徵兵時，則使用電腦產生的亂數表。

打牌時也不容易滿足隨機性，因為一副牌就算洗兩、三次，也還不足以打亂本來的排序。統計學家沛西·戴康尼斯（Persi Diaconis）證明，通常需要切牌洗牌六到八次。因此，如果已知牌的排序，只洗兩、三次，從中拿走一張牌再插回這副牌中，好的魔術師幾乎都可以找到這張牌在哪裡。雖然實務上可能沒有辦法洗出真正隨機的牌，但利用電腦產生隨機序列，來排這副牌是最好的辦法。

而非法博弈會用一種很有意思、且能公開取得的方法，來取得每天需要的亂數，那就是分別取每天的道瓊工業、交通和公用事業指數的百分位（小數點後第二位，這是波動最大的位數），然後組成亂數。比方說，如果工業指數收盤是2213.27、交通類股指數是778.31，而公用事業指數收在251.32，那麼，當天的亂數就是712。由於這些最尾數波動幅度很大，基本上很隨機，從000到999出現的機率都一樣。大

家也都不用擔心這些數字有人刻意作假，因為不管是聲譽卓著的《華爾街日報》，還是比較普通的報紙上都會刊登。

隨機很重要，不僅是為了確保賭局、意見調查和假設檢定的公平性，也為了適當模擬機率成分很高的情境，此時必須要用到大量的亂數。在不同的情境下，一個人在超市要花多少時間排隊結帳？此時就必須設計適當的程式，來模擬在各種限制式下的超市情境，讓電腦跑程式跑個幾百萬次，看看會有多少種不同的結果。很多數學問題都錯綜複雜，相關的實驗所費不貲，如果不做這類機率模擬，剩下的選項只有放棄了。即便問題比較簡單、更有可能完整求解，但用模擬來解通常比較快，而且較便宜。

在多數情況下，電腦生成的虛擬亂數已經夠隨機了。這種亂數通常是用一套事先決定的公式生成，而公式裡針對數字設定了夠多的序列，讓這些數列無法用於其他目的。電腦亂數的其中一種應用是編碼理論（coding theory）。編碼理論讓政府官員、銀行家以及其他人可以傳遞機密資訊，不用擔心會被攔截。在這些時候，你可以混合幾個電腦產生的虛擬亂數，然

後利用「白噪音」源頭的隨機變動電壓，結合其產生的物理不確定性。

最近慢慢出現一種很奇特的概念，有人開始認為「隨機性」具有經濟價值。

統計上的顯著性和實務上的顯著性是兩回事。如果某個結果不太可能因為運氣而出現，那就具備統計上的顯著性，但這並沒有太大意義。幾年前，在某項研究中，一群志願者服用安慰劑，另一群人則服用高劑量的維他命C。服用高劑量維他命C的人，感冒的機率稍低於對照組。樣本規模很大，因此，出現這樣的效應不太可能是因為運氣。但從實務上來說，兩群人感冒比率的差距不是很大（或說不太顯著）。

有很多藥品的特性，是吃了確實比沒吃好，但也好不了多少。經過多重試驗，證明X藥可以馬上緩解3％的各種頭痛。這顯然比不吃藥好，但你會花多少錢買這種藥？你可以確定的是，廣告上會說這種藥可以緩解「顯著」比例的頭痛，但這只是統計上的。

通常我們會碰到剛好相反的情況：實務顯著，但在統計上幾乎不具顯著性。如果某位名人替某種品牌

的狗食背書，或是某位計程車司機不認同市長的危機處理方式，我們顯然沒有理由指稱，這類個人意見表達有統計顯著性。同樣的道理，也適用於女性雜誌的測驗。像是：如何知道他愛的是不是別人？你的男人是否有波愛修斯情結（Boethius complex）？你的男人是以下七類中的哪一種？還有，這些測驗分數的意義，也幾乎無法用統計來驗證。比方說，為什麼得到62分就代表他不忠誠？這很可能代表他正在克服他的波愛修斯情結。這七種男人是用什麼方法來分的？男性雜誌通常會出現更糟糕的愚蠢內容，涉及暴力或是招募殺手，但很少有這種蠢笨的測驗。

什麼都想要，不願意面對必要的取捨，是人的天性。政治人物因為所處地位之故，會比多數人更容易深陷這種奇妙的想法中。一旦涉及到品質與價格間的取捨，速度與完整性之間的取捨，核准可能有害藥物與拒絕潛在有益藥物間的取捨，以及自由與平等之間的取捨等等，政治人物常常混淆視聽，讓人看不清真相。但，我們愈是看不清楚這些事，代價通常是每個人都要多付出一些成本。

舉例來說，最近有幾個州把某些高速公路上的速限，提高到每小時105公里，且不加重酒駕的罰則，因此遭到交通安全團體撻伐。有關當局以明顯不實的主張捍衛這些決策，主張車禍事故並未因此增加，不願明講經濟與政治考量，比車禍死亡人數可能增加更重要。我們還可以提很多類似的案例，當中許多都涉及環境問題和有毒廢棄物（這些是金錢與人命之間的取捨）。

　　這些範例，嘲弄了一般認為「每個人的生命都無價」的想法。人命從許多方面來說都無價，但為了達成合理的妥協，事實上我們必須對人命設定有限的經濟價值。但在這麼做時，人們卻常以假惺惺的空話，來掩飾這個價值有多低。我寧願看到人沒這麼虛偽，並確實賦予更高的經濟價值在人命上。理想上，這個價值應該無限大。但如果做不到，就收起假慈悲的態度。說到底，要是無法敏銳察覺到自己做了哪些選擇，就不太可能為了更好的決定而努力。

感受數值比例，
找到生活答案

我們在浩瀚的星球裡航行，在不確定性中漂流，從一個端點被帶到另一個端點。

—— 帕斯卡

人很渺小，夜很廣袤，充滿了驚奇。

—— 鄧薩尼爵士（Lord Dunsany）

機率從很多地方進入人的生活中。最早通常是透過能提供隨機性的工具，比方說骰子、紙牌和輪盤。接著，人會發現出生、死亡、意外、經濟活動，甚至親密關係，都可以用統計來描述。然後，人們明白了

再怎麼複雜的現象，即使不包含任何隨機成分，通常也符合機率模擬的結果。最後，我們從量子物理中學到，最基本的微物理過程（microphysical process）本質上都不確定，由機率決定。

因此，人需要很長的時間才能領會機率，也就不讓人意外了。事實上，我認為，適當地看到這個世界的偶然性，代表了成熟與平衡。狂熱分子、堅貞信徒、盲信者和形形色色的基本教義派人士，很少和機率這等變幻莫測的事物交手，願他們在地獄裡受焚身之苦 10^{10} 年（開玩笑啦），或是被迫去上一堂機率理論的課。

這個世界愈來愈複雜，充滿無意義的巧合，很多時候我們需要的不是更多的事實（已經夠多了），而是要更知道如何掌握已知的事實。機率相關的課極具價值，大可以幫助你達成這個目標。舉凡統計檢定和信賴區間、因果關係和相關性的差異、條件機率、獨立性、乘法原理、估計與實驗設計的技藝、期望值和機率分配的概念，以及以上概念最常見的範例與反例，應該介紹給更多人了解。機率就和邏輯一樣，再也不專屬於數學家，我們的生活中早已處處可見。

不管寫什麼書，都至少有一部分的動機，是出於憤怒，本書也不例外。比方說，我們的社會如此仰賴數學與科學，但對於有這麼多人民缺乏數學與科學素養，它卻無動於衷。或是，國家的軍隊每年花掉超過2,500億美元，購買愈來愈聰明的武器，卻培養出教育程度愈來愈糟糕的士兵。還有媒體，他們向來熱衷於大肆報導飛機上遭挾持的人質，或掉進水井的寶寶。但講到解決城市犯罪、環境惡化或貧窮問題時，卻沒有這麼高的熱情。這些事都讓我感到難過。

　　同樣讓我感到煩心的，還有「冷酷理性」這種老套說法中，所蘊藏的不切實際誤解（講得好像「溫暖又理性」是無稽之談）。以及，占星術、超心理學和其他偽科學的愚昧無所不在。跟人們認為數學是深奧難懂的學科，與「真實」世界脫節、或者沒有什麼關聯，都讓我看不下去。

　　然而，對這些問題感到的憤怒，只是我的部分動機。畢竟，人的自以為是和真實情況之間，總是有很大差距。而數字和巧合，是人最終能依憑的幾項現實原則。因此，能夠敏銳理解這些概念的人，會更清楚看出兩者之間的歧異與不協調，也更容易察覺荒謬。

我認為，這種荒謬感中蘊藏著神聖的意義，我們應該去珍視這種感受，而不是躲開。感到荒謬，讓人能看到自己在這世上渺小、但重要的位置，這也是我們不同於鼠輩的理由。若有什麼讓我們長期麻木、無法感受到這股荒謬，每個人都應起身反抗，包括數盲在內。想要喚起人們去感受數值比例，與欣賞人生中無可逃遁的不確定特質，這才是我寫這本書的主要動機，而非關憤怒。

數盲、詐騙與偽科學

作　　者	約翰‧艾倫‧保羅斯 (John Allen Paulos)	
譯　　者	吳書楡	
主　　編	呂佳昀	
助理編輯	楊宜臻	

總 編 輯　李映慧
執 行 長　陳旭華（steve@bookrep.com.tw）

出　　版　大牌出版 / 遠足文化事業股份有限公司
發　　行　遠足文化事業股份有限公司（讀書共和國出版集團）
地　　址　23141 新北市新店區民權路 108-2 號 9 樓
電　　話　+886-2-2218-1417
郵撥帳號　19504465 遠足文化事業股份有限公司

封面設計　FE 設計 葉馥儀
排　　版　新鑫電腦排版工作室
印　　製　博創印藝文化事業有限公司
法律顧問　華洋法律事務所　蘇文生律師

定　　價　420 元
初　　版　2023 年 12 月

INNUMERACY: Mathematical Illiteracy and Its Consequences by John Allen Paulos
Copyright @ 1988, 2001 by John Allen Paulos
through Bardon-Chinese Media Agency
博達著作權代理有限公司
Complex Chinese translation copyright 2023
by Streamer Publishing, an imprint of Walkers Cultural Co., Ltd.
ALL RIGHTS RESERVED

國家圖書館出版品預行編目資料

數盲、詐騙與偽科學 / 約翰‧艾倫‧保羅斯（John Allen Paulos）著；
吳書楡 譯 . -- 初版 . --
新北市：大牌出版，遠足文化事業股份有限公司，2023.12
240 面 ;14.8×21 公分
譯自：Innumeracy : mathematical illiteracy and its consequences
ISBN 978-626-7378-07-6（平裝）
1.CST: 數學

112016445